PETIT MANUEL
DE RÉPARTIE ÉCOLOGIQUE

Margot Jacq

PETIT MANUEL
DE RÉPARTIE ÉCOLOGIQUE

Éditions Les Liens qui libèrent

Un tendre et immense merci à Théo, pour nos belles et éreintantes discussions et ce doux quotidien qui nous voit grandir.

Merci également à mes amis et ma famille pour leurs relectures, en particulier mon papy si consciencieux que j'espère avoir en quelques points convaincu.

Enfin, je souhaite remercier l'équipe des Liens qui Libèrent, notamment Henri et Nicolas pour leur confiance et leur curiosité.

ISBN : 979-10-209-2411-7

Sommaire

2. Les immobilistes

3. Les éco(nomico)-anxieux

4. Les optimistes candides

Introduction

Connaissez-vous l'esprit de l'escalier? Si vous avez déjà pensé à l'argument qui aurait pu faire mouche auprès de votre interlocuteur après l'avoir quitté (et que vous êtes déjà en bas de ses escaliers!), alors vous avez sûrement déjà ressenti cette amère frustration.

Ce petit manuel a vocation à vous prémunir – modestement – contre cet «esprit de l'escalier» à l'occasion de conversations portant sur les questions écologiques. Il vous permettra de glaner des arguments saillants pour étayer votre propos face aux réticences de tonton Brice à Noël, de votre collègue Élisa à la cantoche ou encore de Jérémy, votre meilleur copain, avec qui vous passez tous vos étés. Car il n'est pas simple de parler d'écologie avec son entourage. Comme vous probablement, je suis partagée entre évoquer ce sujet qui me tient particulièrement à cœur et la crainte de casser l'ambiance, de paraître arrogante, ou de braquer l'autre. La peur également de perdre le fil de mon propos et que mon argumentation retombe comme un soufflé ! Alors, pourquoi ne pas s'outiller ?

C'est à l'issue d'un débat quelque peu mouvementé avec un proche qui affirmait « ne pas croire à la finitude des ressources » que la nécessité d'aiguiser mes arguments sur les questions écologiques m'est apparue essentielle. Car tout ce que je pouvais lire, écouter ou visionner sur le sujet était en vrac dans ma tête. Les chiffres parcellaires et les sources imprécises. Il fallait donc que je prenne des notes et que je structure ma pensée pour piocher au moment opportun des arguments pertinents.

Au fil des discussions et de mes expériences, je me suis également rendu compte qu'un certain nombre d'arguments « adverses » revenaient souvent. Pour simplifier les choses, on pourrait identifier six profils types d'interlocuteurs qui peuvent donner du fil à retordre et qui vous rappelleront peut-être quelques souvenirs. Évidemment, il ne s'agit pas de catégories étanches et absolues. Ce ne sont que des modèles établis pour l'exercice et cette classification est loin de la réalité qui est bien souvent plus complexe. Catégoriser est simplement une façon de structurer ce petit bouquin et n'a aucunement vocation à essentialiser les individus ou à « mettre les gens dans des cases » de manière tranchée et définitive.

La premier profil type correspond aux nouveaux sceptiques qui mettent en doute l'existence même du dérèglement climatique. Les vrais climatosceptiques étant relativement rares, les sceptiques sont assez proches d'une forme de déni puisqu'un certain nombre d'entre eux estime que le changement climatique relève d'une opinion. Comme si l'on pouvait prendre le temps d'en douter et d'en débattre alors que les scientifiques sont unanimes et qu'il y a urgence à agir. Pour tenter de convaincre les sceptiques, on citera quelques études de référence, des ordres de grandeur et des exemples sur l'impact concret du désastre écologique sur nos vies pour s'accorder sur le constat et passer ensuite au « comment on fait une fois qu'on sait ».

Ensuite, il y a les immobilistes qui sont aussi défaitistes : de leur point de vue, rien ne sert de lutter car nous avons déjà perdu la partie. Attention, ils peuvent être particulièrement nocifs pour le moral ! Pour essayer de rebooster ces troupes, rien de tel que de rappeler quelques exemples historiques pour montrer que nos acquis sociaux ne sont pas arrivés comme par magie. Chaque conquête sociale est le produit d'un rapport de force, c'est pourquoi il nous faut défendre ce que l'on considère être foncièrement juste, pour nous et pour les générations à venir.

Nous trouvons ensuite les très nombreux éco(nomico)-anxieux qui – schématiquement – craignent davantage une baisse du PIB que l'extinction de la biodiversité. L'enjeu consiste à leur montrer toute l'irrationalité du système productiviste actuel, puisque les ressources du système Terre sont limitées et que le coût de l'inaction dépasse celui de l'action. Nous veillerons à citer des sources particulièrement sérieuses pour que notre argumentaire puisse éveiller leur curiosité et planter quelques graines dans leur esprit.

Très en vogue actuellement, les optimistes candides s'enorgueillissent des efforts que nous avons déjà fournis dans la lutte pour «l'environnement» et fondent leurs espoirs souvent sincères sur une ambition malheureusement loin des objectifs fixés par la communauté internationale. Le but n'est évidemment pas de leur plomber le moral, mais de rappeler la complexité des enjeux écologiques qui ne se résument pas à une question technique de «baisse du CO_2». Quelques ordres de grandeur nous seront fortement utiles.

Particulièrement actifs et redoutables en ce moment, les technosolutionnistes estiment que la production de technologies, pourtant énergivores et avides en métaux rares, permettra d'endiguer tous nos maux. Un certain nombre d'anciens climatosceptiques renflouent d'ailleurs les rangs de cette catégorie plus politiquement correcte que l'ancienne. Comme pour les optimistes candides, il sera opportun d'évoquer les limites planétaires pour leur montrer que l'écologie est un domaine complexe qui dépasse la seule problématique des émissions de CO_2, puisque les enjeux écologiques touchent à la biodiversité, à l'eau, à la qualité des sols, et j'en passe !

Enfin, il y a les dissonants cognitifs qui ont perçu l'urgence d'agir mais n'y contribuent pas (ou pas assez), souvent par confort. Je vous rassure, tout le monde (moi compris) est un peu dissonant cognitif, à des degrés différents. Il ne s'agira évidemment pas de stigmatiser les moindres gestes qui ne seraient pas écolos car il est impossible d'être parfait dans un monde imparfait ! Mais nous montrerons qu'il est temps de prendre notre part de responsabilité pour incarner ce changement – évidemment, à des degrés toujours différents car on ne peut pas mettre sur le même plan un patron du CAC 40 qui vole en jet privé et une personne au smic qui est contrainte d'utiliser sa voiture quotidiennement.

Vous trouverez dans les pages qui suivent des éléments pour contrer des arguments que vous pourrez aussi bien entendre lors d'une soirée entre amis qu'à un repas de famille ou sur un plateau de télévision. Nous tenterons au maximum d'adopter une posture bienveillante, pédagogique et empathique pour tisser du lien plutôt qu'ériger des digues. Pour entraîner avec soi. Et s'il est indispensable, systématiquement, de rappeler la gravité de la situation, nous proposerons des solutions qui font leurs preuves pour éviter à tout prix la paralysie. Il nous faudra donner envie de se mettre en mouvement. Individuellement, mais surtout collectivement.

Et si vous tombez sur ces pages par hasard, peut-être aurez-vous la curiosité d'en continuer la lecture.

J'ajouterai que ce petit manuel est foncièrement positif. Pour moi, l'optimisme est une nécessité. Sinon, quelle alternative pour continuer à se mettre en action ? Il est fondamental de garder espoir. La joie est par ailleurs un puissant moteur pour atteindre nos objectifs et un carburant pour mobiliser et embarquer avec soi. C'est pourquoi – sans témoigner d'un excès de confiance ou de naïveté – il n'y aura ni catastrophisme ni défaitisme dans ce livre. J'espère qu'il donnera à quelques-uns et quelques-unes des clefs de réponse pour alimenter des débats, des conversations et des tête-à-tête sur ces questions passionnantes, qui nous (é)meuvent tant.

1.
Les nouveaux sceptiques

Les nouveaux sceptiques, c'est un peu comme les pangolins, ces animaux que vous croyiez disparus, mais qu'une crise – sanitaire, pour les pangolins – a remis sur le devant de la scène, vous laissant interloqué tant ils semblaient sortis d'un autre temps ! Car les nouveaux sceptiques remettent en question des faits établis de manière consensuelle (et depuis un bon paquet d'années) par les scientifiques. Ils confondent souvent ce qui relève d'une opinion et ce qui relève du fait. Comme si on pouvait débattre du changement climatique comme on débat d'un film qu'on a aimé ou pas. Certains peuvent ne pas croire que la Terre est ronde, mais il n'empêche qu'elle l'est. C'est comme ça, c'est une réalité, un fait. C'est à peu près la même chose avec le dérèglement climatique.

Sans aller jusqu'au stéréotype que représente Donald Trump, qui considère que le réchauffement climatique a été créé par les Chinois pour affaiblir la compétitivité des États-Unis, le sceptique, c'est par exemple cette personne qui vous dit que « quand même, on n'est pas non plus sûr à 100 % du réchauffement climatique, surtout après l'été pluvieux qu'on a connu ».

Le plus souvent, ce type de propos est dû à un manque de connaissances sur le sujet. Parfois, c'est par rejet catégorique de tout ce qui peut venir modifier ses habitudes, voire carrément ébranler ses certitudes.

Accrochez-vous, il nous faudra parfois repartir du b.a.-ba et faire usage de patience et de pédagogie.

Le tout avec bienveillance car il n'est pas aisé de changer de regard sur un monde que l'on a toujours habité, mais qu'on nous demande de radicalement transformer.

Tu sais, c'est pas bien grave ce réchauffement climatique. Il y a toujours eu des fluctuations du climat, c'est juste un phénomène naturel !

Hervé, 65 ans, ton grand-oncle
après le repas de Noël,
voyant que tu lis une BD sur le sujet.

Tonton, tu as raison : les fluctuations naturelles du climat existent. Mais c'est désormais un fait solidement établi que le réchauffement actuel est lié à l'activité humaine. C'est précisément cette origine anthropique qui fait la différence avec les précédentes variations historiques du climat. Je m'explique.

La Terre est marquée par des périodes froides dites « glaciaires » qui durent entre 80 000 et 100 000 ans et des périodes chaudes dites « interglaciaires » qui s'étalent sur environ 20 000 ans. Nous sommes actuellement dans une période interglaciaire depuis près de 15 000 ans[1]. Les fluctuations climatiques naturelles dont tu parles sont donc des cycles extrêmement longs qui durent plusieurs dizaines de milliers d'années.

Or, ce que l'on observe depuis le début de la révolution industrielle (depuis 1850 environ), c'est une accélération brutale et sans précédent de la température moyenne sur

Terre due à la combustion des énergies fossiles. Vois-tu, le réchauffement que l'on connaît aujourd'hui est 50 à 100 fois plus rapide que les variations naturelles du climat[2] ! En seulement 150 ans, la température moyenne de la surface de la Terre s'est déjà réchauffée de 1,2 °C[3]. Alors même que l'Accord universel de Paris sur le climat signé en 2015 vise à limiter le réchauffement à 1,5 °C d'ici 2100. Ce qui laisse peu de marge de manœuvre, tu en conviendras. On constate ces dernières années que les températures moyennes enregistrées sur Terre atteignent des records. L'année 2023 a été la plus chaude jamais enregistrée[4]. Les températures de juin à novembre ont consécutivement battu les records de chaleur, si bien que l'on a constaté un écart de 1,46 °C au-dessus de la moyenne du climat de la période 1850-1900.

Il existe par ailleurs un consensus des experts du climat sur la cause anthropique du changement climatique. Ces experts sont réunis au sein du Groupe d'experts intergouvernemental sur l'évolution du climat, le fameux « Giec » dont on entend beaucoup parler. Ils concluent que l'activité humaine, qui rejette des émissions de gaz à effet de serre, est « sans équivoque » responsable du dérèglement climatique, ce qui génère « des changements rapides dans l'atmosphère, les océans, la cryosphère* et la biosphère ». Si bien que

*. La cryosphère correspond à l'ensemble des masses de glace, de neige et de sols gelés, le pergélisol, présentes sur la terre.

l'on estime être entrés depuis la révolution industrielle dans une nouvelle ère géologique appelée « anthropocène », c'est-à-dire une phase caractérisée par la capacité de l'humain à transformer le système Terre. La concentration de gaz carbonique atteint des niveaux jamais atteints depuis quatre millions d'années[5]. Sur les 800 000 dernières années, la concentration de CO_2 dans l'atmosphère est restée stable, oscillant *grosso modo* entre 180 et 300 ppm (parties par million). Or, depuis les années 1950, la concentration de CO_2 dans l'atmosphère est passée de 315 à 420 ppm… On voit là que ce phénomène est loin d'être naturel !

C'est donc à la fois la rapidité de l'augmentation des températures et son origine humaine qui font du dérèglement climatique un phénomène inédit dans l'histoire du système terrestre. La bonne nouvelle dans tout cela, c'est que nous connaissons la cause du dérèglement du climat (les émissions de gaz à effet de serre) ; nous avons donc fort heureusement toutes les clefs en main pour agir. YAPLUKA !

3 degrés de plus, je les prendrais bien, moi ! Le climat de Marseille à Lille, mais que demande le peuple ?!

Déborah, 35 ans, une amie comédienne, sudiste de cœur, mais Lilloise de fait.

Deb, sais-tu quelle est la différence entre climat et météo ? D'un côté, la météo, qui se mesure à l'échelle d'une semaine, consiste à étudier les phénomènes atmosphériques pour prévoir le temps qu'il va faire. De l'autre, le climat analyse les statistiques des variables atmosphériques sur le temps long, c'est-à-dire à l'échelle d'une décennie ou d'un siècle. Ainsi, une variation de quelques degrés au cours d'une journée (météo) et au cours du siècle (climat) n'ont absolument rien à voir. Pour comprendre ce que signifie une augmentation de quelques degrés, retournons 20 000 ans en arrière… Nous étions alors en pleine ère glaciaire. La mer était près de cent vingt mètres plus basse qu'aujourd'hui. L'actuelle Manche était un tapis de glace, si bien qu'on pouvait passer à pied de la France à l'Angleterre. *Grosso modo*, la France ressemblait à l'actuel Nord de la Sibérie. Et pourtant, la température moyenne sur Terre n'était que de 5 °C plus basse qu'aujourd'hui[6]. On voit donc bien qu'un climat différent de quelques degrés seulement induit des changements immenses sur le paysage. Prenons un autre exemple: quand ta température corporelle passe de 37 °C à 39 °C, ces deux petits degrés de différence impactent énormément ton état de santé, si bien que tu es clouée au lit. Ajoute à cela 3 °C, et tu frôles la mort.

Imagine alors ce qu'induirait une augmentation de la température moyenne de 3 °C sur le globe... Ce serait un sacré changement de décor! C'est pourtant la tendance que nous sommes en train de suivre[7]. Une telle augmentation aurait pour conséquence une hausse inévitable du niveau des mers, engloutissant par exemple 80 % des Maldives et menaçant des villes comme New York, Venise, Londres ou encore Bordeaux.

Car il faut bien comprendre que **les projections de hausse de la température que l'on entend régulièrement dans les médias (2, 3 ou 4 degrés) sont des moyennes qui cachent d'immenses disparités à la surface du globe**. Certaines zones se réchauffent plus rapidement que d'autres. Si depuis l'ère préindustrielle la planète s'est déjà réchauffée de 1,2 °C, la température en Europe augmente près de deux fois plus rapidement (+ 2,3 °C, ce qui en fait la région du monde qui se réchauffe le plus vite[8]). Et c'est un danger bien réel. Une récente étude parue dans *The Lancet*[9] affirme d'ailleurs que, sur 854 villes européennes, Paris remporte le triste trophée de la commune la plus mortelle en cas de canicule*. Rappelons que tout ceci n'est pas uniquement une projection dans l'avenir. Les effets du changement climatique sont déjà visibles, comme en témoigne l'augmentation de la fréquence des canicules[10] ou le manque de neige à la montagne l'hiver[11]. Avec des conséquences majeures sur nos économies qu'il va falloir réinventer.

Donc, oui, 3 degrés ça ferait pas de mal au moral quand tu habites à Lille, mais il faut raisonner à l'échelle globale et là, les conséquences seraient désastreuses. Pour endiguer le réchauffement, de nombreuses initiatives se développent pour, à la fois, s'adapter aux fortes chaleurs et aux événements climatiques extrêmes, et réduire nos émissions grâce à des vies plus sobres et plus respectueuses du vivant. On pourra s'en reparler, mais ces solutions sont également synonymes de réduction des inégalités. Que demande le peuple ?

*. En raison de la vulnérabilité de sa population et de ce qu'on appelle « l'îlot de chaleur urbain ». Ce dernier est une sorte de dôme de chaleur en ville, il correspond à une élévation des températures des centres-villes par rapport aux périphéries, particulièrement la nuit. Cet écart de température entre ville et périphérie peut aller jusqu'à 10 °C et s'explique en grande partie par le peu de végétation en ville, la densité, les activités nombreuses et énergivores, et les matériaux des bâtiments et revêtements qui retiennent la chaleur.

Qui aurait pu prédire la vague d'inflation ainsi déclenchée ? Ou la crise climatique aux effets spectaculaires encore cet été dans notre pays ?

Emmanuel Macron, 45 ans, président de la République française, lors de ses vœux aux Français, le 31 décembre 2022.

Quelle n'a pas été ma surprise, Monsieur le Président, quand, installés entre amis devant la télévision, nous avons entendu cette phrase, sidérés. Comme un goût d'amertume et de colère.

Vous devez être la personne la plus surinformée de France et je ne peux pas croire que cette phrase dans votre discours, relu par vos équipes, puisse être une simple erreur. **Est-ce une manière de vous dédouaner?** Car en demandant «qui aurait pu prédire la crise climatique», vous sous-entendez que l'État est dépourvu de moyens d'action face à la «surprise» de cette crise, comme si elle était sortie de nulle part. Je crains également qu'en plus de vous déresponsabiliser, cette phrase détourne les Françaises et Français de l'action, car vous mettez cette crise sur le même plan que l'inflation ou la guerre en Ukraine, crises sur lesquelles nous n'avons pas (ou si peu) de prise. Et puis, cette question rhétorique malheureuse nourrit également les discours climatosceptiques.

Quitte à me rendre un peu soporifique, car vous connaissez très probablement l'histoire des alertes scientifiques sur l'état du climat, permettez-moi tout de même d'en résumer quelques points. Simplement pour rappeler que de nombreux scientifiques ont prouvé (et non «prédit», comme un oracle) la véracité du changement climatique, jusqu'à arriver aujourd'hui à un consensus établi sur le sujet.

Dès la fin du XIXe siècle, des scientifiques tels que le chimiste suédois Svante Arrhenius alertent sur la relation entre gaz carbonique et augmentation du niveau des températures, mettant en avant les conséquences des activités industrielles.

Mais c'est surtout à partir des années 1970 que les études sur le changement climatique commencent à être entendues du grand public. En 1972, la conférence de Stockholm sur l'environnement organisée par l'ONU soulève pour la première fois à un niveau international la question du changement climatique. La même année, le Club de Rome publie son célèbre rapport *Halte à la Croissance,* appelé aussi «rapport Meadows» du nom de ses coauteurs, Dennis et Donella. Ce rapport montre qu'une croissance économique infinie n'est pas possible dans un monde aux ressources finies. Plusieurs scénarios étaient présentés, dont le fameux *business as* *usual* – trajectoire que nous avons assez fidèlement suivie – alors même que le modèle des époux Meadows prévoyait un « effondrement » du système avant 2040 si nous restions sur cette tendance. Force est de constater qu'en 2023, l'effondrement a déjà commencé, notamment sur le plan de la biodiversité et de l'élévation des températures*. En 1974, l'élection présidentielle française accueille son premier candidat écologiste : René Dumont. Connu pour ses cols roulés rouges et son précieux verre d'eau, il alertait déjà sur le tarissement à venir de cette ressource vitale. Alors, prophète de malheur ou scientifique lucide ? **Monsieur le Président, dès les années 1970, nous avions donc déjà toutes les clefs pour agir.**

Malheureusement peu connu, le rapport Charney commandé par la Maison-Blanche paraît en 1979. Il vise à dresser une synthèse des connaissances sur l'impact des activités humaines sur le climat. Le rapport conclut qu'un doublement de la concentration de CO_2 dans l'atmosphère induirait un réchauffement moyen compris entre 1,5 °C et 4,5 °C. **Un point central est également soulevé : si les pouvoirs publics attendent de percevoir les premiers effets du changement climatique pour**

*. Dans un communiqué de presse paru le 7 septembre 2023, le secrétaire général des Nations unies António Guterres annonce d'ailleurs, en réaction à l'annonce du record mondial de température pendant l'été dans l'hémisphère nord, que « l'effondrement climatique a commencé ».

agir, alors il sera trop tard pour en éviter les pires conséquences. C'est pourtant ce qu'il s'est produit. Encore une fois, dès les années 1980, nous disposions de toutes les données pour agir. Durant cette décennie, l'opinion publique était d'ailleurs plutôt favorable à l'action climatique[12]. Si bien que les puissances mondiales étaient à deux doigts en 1989 de signer un accord contraignant pour imposer une réduction des émissions de gaz à effet de serre. Mais, comme l'a montré le journaliste du *New York Times* Nathaniel Rich dans son livre *Perdre la Terre*, les États-Unis ont fait capoter l'accord, au profit de leur croissance économique. Que de décennies perdues.

En 1988, le Programme des Nations unies pour l'environnement (PNUE) et l'Organisation météorologique mondiale (OMM) créent le Giec dont la mission n'est pas de produire de nouvelles études mais de faire la synthèse de l'état de la connaissance sur le climat. Le Giec confirme les projections du rapport Charney. Avec la création de nouvelles conventions-cadres sur l'environnement, les grands groupes pétroliers (comme l'entreprise française Total) voient leurs intérêts menacés. Ils financent alors de nombreuses études pour semer le doute sur les causes du réchauffement, orchestrant l'impuissance collective et sacrifiant sciemment l'habitabilité de la planète sur l'autel du profit[13]. Ces études jouent comme autant de rouages ajoutés dans la machine du climatoscepticisme grandissant, alimenté par les débats médiatiques qui mettent en scène des scientifiques face à des climatosceptiques. Comme s'il s'agissait d'un débat équilibré. Comme si le climat était une opinion dont on pouvait débattre.

Ce n'est qu'en 1997 qu'est signé le premier traité contraignant pour les pays développés : le protocole de Kyoto. Puis, dernier accord marquant en date, celui de la COP 21 à Paris en 2015, qui impose au monde de limiter le réchauffement climatique à 2 °C par rapport aux niveaux préindustriels. Or, aujourd'hui, nous ne suivons absolument pas cette trajectoire. Pourtant, comme le disait Jacques Chirac dans son célèbre discours de Johannesburg : « Notre maison brûle et nous regardons ailleurs. [...] Nous ne pourrons pas dire que nous ne savions pas ! Prenons garde que le XIXe siècle ne devienne pas, pour les générations futures, celui d'un crime de l'humanité contre la vie. »

Alors, Monsieur le Président, où est passée la priorité du quinquennat ? Ce mandat « qui sera écologique ou ne sera pas » ? Où se sont perdues les propositions ambitieuses de la Convention citoyenne pour le climat, cette formidable initiative de démocratie participative ? Quelles seront les mesures concrètes de la planification écologique ? Comme l'a évoqué Magali Reghezza-Zitt, membre du Haut Conseil pour le climat, sur France Inter : « C'est un discours qui rate le sens de l'histoire. Il aurait pu être tenu dans les années 1980, pas en 2022. »

L'écologie, c'est vraiment un truc de riche bobo citadin !

Henrique, 24 ans, ton pote militant d'extrême gauche

SPOILER ALERT : les personnes les plus aisées ne sont pas les premières victimes de l'urgence écologique. Dans les faits, ce sont avant tout les plus vulnérables et ceux dont l'activité dépend fortement des aléas environnementaux qui sont concrètement les plus touchés par le sujet. Ce qui n'empêche pas pour autant le bobo citadin de s'intéresser au sujet ou d'y être confronté par ailleurs (par exemple s'il vit dans une passoire thermique où la température atteint 50 °C l'été).

Loin de l'image du bobo citadin, les agriculteurs sont particulièrement exposés aux aléas climatiques. Très concrètement, en Champagne, la date des vendanges a lieu deux semaines plus tôt qu'il y a vingt ans. À Mirecourt, dans les Vosges, les semis de blé sont effectués un mois plus tôt qu'en 1970. Le changement climatique a ainsi des impacts qui sont d'ores et déjà visibles sur les calendriers des cultures, sur les niveaux de précipitations, sur la disponibilité des ressources en eau, et puis sur les événements extrêmes qui menacent les cultures[14]. Je ne sais pas si tu te rappelles l'été 2022, mais les sécheresses en France avaient induit d'énormes pertes fourragères[15] pour les agriculteurs. Et on ne peut pas dire que les paysans savoyards ou charentais fassent partie des plus nantis!

Face aux risques environnementaux, on constate aussi que ce sont les plus vulnérables et les plus précaires qui sont en première ligne, avec des impacts directs sur leur santé, ce qui renforce les inégalités. Prenons l'exemple de la pollution de l'air. À Paris, bien que la pollution soit élevée dans l'ensemble des quartiers, les habitants les plus pauvres risquent trois fois plus de mourir d'un épisode de pollution que les habitants les plus riches[16]. On note aussi que les quartiers le long du périphérique (et donc les plus modestes) sont ceux où la concentration de dioxyde d'azote est la plus élevée[17], ce qui génère des maladies respiratoires chez certains enfants. Tu avais peut-être vu l'info dans les médias mais c'est d'ailleurs à ce titre que, pour la première fois, au printemps 2023, les parents de deux enfants habitant près du périphérique et souffrant d'asthme, de bronchiolites et d'otites à répétition se sont vu indemniser par l'État jugé responsable du dépassement des seuils de pollution[18].

Les études montrent aussi que les populations les plus précaires sont celles qui vivent le plus loin des espaces verts qui offrent pourtant un lieu de fraîcheur lors des canicules, absorbent le CO_2 et favorisent le sentiment de bien-être. La crise du Covid-19 a d'ailleurs mis en lumière ces inégalités dans l'accès à la nature puisque les ménages les plus pauvres étaient bien plus privés d'espaces verts, notamment à Lille et Marseille[19]. Donc on ne peut pas vraiment dire que l'écologie soit un truc de riche. L'écologie a justement des impacts positifs très concrets sur la vie et la santé des plus précaires.

Ce qui est certain en revanche, c'est que ce sont avant tout les plus riches qui doivent modifier profondément leurs habitudes de vie car ce sont les plus gros pollueurs. En France, les 10 % des personnes les plus aisées ont une empreinte carbone* huit fois supérieure à celle des 10 % les plus précaires**. Rappelons également qu'au niveau mondial les 10 % les plus riches sont responsables de près de la moitié des émissions globales

*. L'empreinte carbone est la quantité de gaz à effet de serre émise par l'activité d'un être humain, d'une entreprise, d'un État, ou par la production d'un bien ou d'un service. Pour un être humain, l'empreinte carbone correspond aux émissions de gaz à effet de serre liées à l'activité de cette personne sur une année. Elle est calculée en tonnes équivalent CO_2 (teqCO2).

**. L'empreinte carbone des 10 % les plus pauvres est en moyenne de 3,8 teqCO2. Elle est en moyenne de 31,2 teqCO2 pour les 10 % les plus riches (source : Lucas Chancel et Thomas Piketty, « Carbone et inégalité : de Tokyo à Paris », 2015).

de gaz à effet de serre. C'est donc aux plus riches (voire aux ultrariches) de se retrousser les manches en priorité. C'est comme quand on commence un régime : on réduit en priorité ce qui nous fait grossir le plus (le sucre et le gras) plutôt que de s'attaquer aux légumes ! Une métaphore qu'il serait peut-être opportun de rappeler à Bernard Arnault dont le jet privé émet en un mois l'équivalent d'un Français moyen en dix-sept ans, soit 176 $teqCO_2$[20].

L’écologie, c’est une préoccupation de pays riches! Vous n’allez pas dire aux Africains d’arrêter de se développer.

Sidonie, 53 ans, ta collègue des ressources humaines qui adore débattre à la pause-café

Évidemment, il ne s'agit pas de demander aux pays les plus pauvres d'arrêter de se développer. Mais gare aux préconçus, Sido, car l'écologie est loin d'être uniquement une préoccupation dans les pays riches ! **Il est désormais clairement établi que les pays les moins responsables de la crise climatique sont ceux qui en subissent le plus les conséquences**[21]. Les dix pays les plus exposés aux risques du changement climatique* ne sont responsables que de 0,13 % des émissions mondiales de gaz à effet de serre sur la période 1750-2020[22]. Ces pays sont touchés de plus en plus fréquemment par des phénomènes météorologiques extrêmes (sécheresse, inondations) qui réduisent les rendements agricoles et aggravent dramatiquement les risques de famine. Dans le monde, ce sont donc les plus vulnérables qui subissent le plus brutalement les effets de notre inaction climatique.

*. Somalie, Haïti, Djibouti, Kenya, Niger, Afghanistan, Guatemala, Madagascar, Burkina Faso et Zimbabwe.

À l'inverse, les pays les plus riches sont les plus responsables des émissions de CO_2. Les pays qui composent le G20 émettent 80 % des gaz à effet de serre mondiaux[23]. Et puis, les pays occidentaux ont une responsabilité historique dans le réchauffement climatique, car les émissions de gaz à effet de serre se cumulent dans le temps. Le CO_2 par exemple a une durée de vie de 100 ans, donc son impact doit être pris en compte sur le temps long. Oui, j'en conviens, c'est loin d'être une bonne nouvelle… Si on prend les émissions territoriales cumulées* de 1850 à 2021, ce sont incontestablement les États-Unis qui arrivent en tête du palmarès, suivis de la Chine**. En raison de cette responsabilité historique dans le changement climatique, les pays riches qui ont pu se « développer » doivent désormais réduire drastiquement leurs émissions de gaz à effet de serre. À l'inverse, il n'est évidemment pas question de demander aux pays les plus pauvres de stopper tout développement pour des raisons écologiques !

Si mes souvenirs d'économie sont justes, ton raisonnement fait écho à la courbe environnementale de

*. Toutes les émissions de gaz à effet de serre émises sur une certaine durée, sur le territoire national (on ne prend pas en compte les émissions importées, c'est-à-dire les émissions dues aux importations de biens).

**. 509 111 millions de teqCO2 émises par les États-Unis depuis 1850, contre 284 476 millions pour la Chine.

Kuznets (en forme de U inversé) selon laquelle – à partir d'un certain niveau de richesse et donc d'accès à la technologie – on observerait une relation négative entre revenu et pollution. Dit autrement, il y aurait un seuil à partir duquel les pays riches pollueraient de moins en moins en raison d'une conscience écologique plus forte. Pourtant, empiriquement, on observe l'inverse: les plus grands pollueurs restent les plus riches. La validité de cette courbe est aujourd'hui largement remise en cause.

FIGURE 1 : LA COURBE ENVIRONNEMENTALE DE KUZNETS

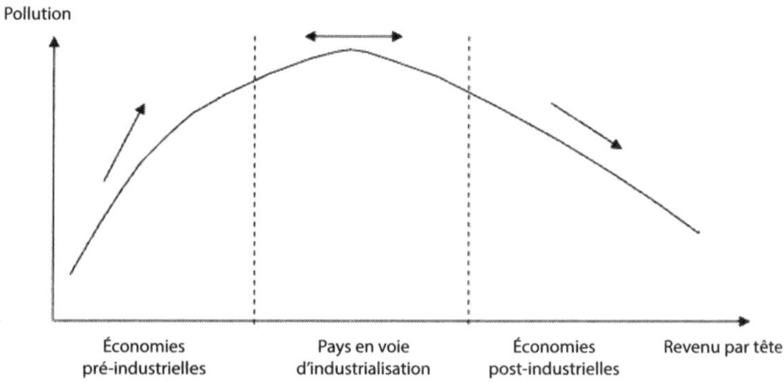

Source: Mines Paris Tech.

Afin d'aider les pays les plus pauvres à s'adapter aux dérèglements climatiques, il est urgent de fournir des moyens financiers ambitieux car 93 % des pays les plus vulnérables aux catastrophes climatiques sont en situation de surendettement, ou pas loin de l'être[24]. On considère que les pays en développement (hors Chine) ont besoin de 2000 milliards de dollars par an d'ici 2030 pour financer leur transition écologique, soit 2 % du PIB mondial[25]. Le Sommet pour un nouveau pacte financier mondial réuni en juin 2023 a posé les jalons d'un nouveau système financier international dans lequel les pays du Nord s'engagent à augmenter leur aide au financement de l'action climatique des pays les moins développés*. Autres mesures mises sur la table: la suspension de la dette en cas de catastrophe naturelle ou encore une augmentation de 200 milliards de dollars de la capacité de prêt des banques multilatérales de développement. Reste à passer à l'action, car jusqu'à présent les négociations internationales n'ont donné que très peu de résultats concrets pour financer de manière équitable la transition écologique dans les pays dits du Sud.

*. Notamment l'ambition de réunir, d'ici la fin de 2023, les 100 milliards annuels promis de longue date afin d'aider au financement de l'action climatique des pays les moins développés.

Le vrai problème, c'est qu'on est beaucoup trop nombreux sur Terre. Dans trente ans, il y aura 2,5 milliards d'Africains et 1,6 milliards d'Indiens. Il faut qu'on réduise drastiquement le nombre de naissances.

Claudine, 71 ans, ancienne employée de crèche

C'est vrai, Claudine, que la croissance de l'espèce humaine a été très rapide durant ces derniers siècles avec l'augmentation de la durée de vie. En 1803, la population mondiale a atteint son premier milliard. Au début des années 1980, nous étions quatre milliards d'êtres humains et aujourd'hui, nous sommes huit milliards. La population a ainsi doublé en seulement quarante ans et il n'a fallu que onze ans pour augmenter la population d'un dernier milliard[26]. **Aujourd'hui, la population augmente vite (environ 1 % par an), mais moins rapidement qu'avant puisque le pic de croissance a été atteint dans les années 1960 avec une augmentation de 2 % chaque année**. Ce ralentissement s'explique par le fait que beaucoup de pays ont fini leur transition démographique. C'est pourquoi, aujourd'hui, les « boosters » de la croissance démographique mondiale sont des régions qui n'ont pas encore fini leur transition démographique, dont l'Afrique et une partie de l'Asie. Selon l'ONU, le pic de population sera atteint en 2080 avec 10,4 milliards d'humains avant une phase de stabilisation puis une baisse. Mais, pour d'autres instituts spécialisés dans la démographie, le pic sera atteint plus tôt en raison de l'éducation des femmes et de l'urbanisation qui engendrent une baisse du taux de fécondité.

Alors, certes on est très nombreux. Mais sommes-nous vraiment «trop nombreux»? Et surtout, trop nombreux pour quoi? Tout dépend du mode de vie des humains dont on parle. Si tous les êtres humains avaient le niveau de vie des Français, nous serions trop nombreux par rapport aux ressources que peut offrir la planète Terre puisqu'il nous faudrait 2,9 planètes[27] pour alimenter un tel niveau de vie. Si nous vivions tous comme des Américains, il faudrait 5 planètes. À l'inverse, si tous les humains avaient le niveau de consommation des Indiens, il faudrait 0,7 planète. Et si on vivait tous comme les Kényans, 0,6 planète. **On voit donc bien que la soutenabilité du système Terre repose avant tout sur la manière dont vivent les humains plutôt que sur le nombre d'individus.**

Avec tous ces exemples, on voit bien, Claudine, que ce n'est pas en divisant la population par deux que l'on divisera nos émissions de CO_2 par deux. Tout dépend de la manière dont on vit. **Si on divise la population mais que les individus restants ont un mode de consommation équivalent à celui des Américains, cela ne règle**

aucunement le problème. Dans son livre *Faut-il arrêter de faire des enfants pour sauver la planète ?*, Emmanuel Pont montre d'ailleurs que les pays où la natalité est la plus forte représentent 20 % de la population mondiale mais uniquement 3 % des émissions de CO_2[28]. À l'inverse, les pays avec un faible taux de fécondité sont responsables de 78 % des émissions. Donc, une baisse de la natalité ne génère pas forcément une baisse des émissions, car tout dépend encore une fois du niveau de vie. Or, l'élévation du niveau de vie fait partie des conditions de baisse de la fécondité, au même titre que le développement économique, l'éducation des femmes ou l'urbanisation.

Enfin, l'idée malthusienne consistant à réduire le nombre de naissances pose de réelles questions démocratiques, autant à l'échelle nationale qu'internationale. Il serait tout de même malvenu de demander aux pays africains de faire moins d'enfants (alors que leur niveau de vie moyen est plus bas que celui des Occidentaux) pour tenter de compenser les émissions des pays riches !

2.
Les immobilistes

« On n'y peut rien. »
« C'est comme ça. »
« C'est trop tard. »
« C'est pas notre faute. »
« Il y a d'autres priorités. »

Ah, les immobilistes ! Ils nous redonnent la pêche, non ? Comme une envie de les suivre au bout du monde tant ils transpirent cette fureur d'agir qui brûle en eux !

Plus sérieusement, les immobilistes ont un point commun : ils sont particulièrement défaitistes et ils estiment qu'agir pour endiguer le changement climatique ne sert à rien tant notre marge de manœuvre est mince. Ils ne nient pas l'existence du dérèglement climatique mais trouvent toujours de bonnes raisons pour ne pas s'atteler à en réduire les causes. Car l'impuissance, c'est plutôt confortable.

Pour tenter de les convaincre du bien-fondé d'agir, il peut être intéressant de les inviter à dézoomer la focale, à prendre du recul et à analyser des exemples de luttes qui ont porté leurs fruits au cours de l'histoire. Certains militants auraient eu mille raisons de se sentir impuissants face à la marche à franchir. Pourtant, aujourd'hui, nous leur devons de nombreux droits, des libertés et des conditions de vie améliorées. Typiquement, les suffragettes représentaient seulement trois-cents femmes qui se sont battues pour obtenir le droit de vote en Angleterre. Vingt-huit ans après les violences de la manifestation du vendredi 18 novembre 1910 (surnommé tristement le Black Friday, qui n'a rien à voir avec la fête de la surconsommation actuelle), les Anglaises ont obtenu le droit de vote. De quoi redonner espoir et se sentir pousser des ailes !

Essayons alors de montrer aux immobilistes que l'histoire ne se situe pas que dans le passé. Il suffit parfois de changer de regard pour voir qu'elle s'écrit aussi aujourd'hui, sous nos yeux. Et, bonne nouvelle, nous pouvons passer de spectateurs à acteurs de cette histoire. De quoi dire d'un air fier d'ici quelques dizaines d'années aux jeunes générations : « Eh, oui mon p'tit gars, j'y étais, c'était une autre paire de manches à l'époque, mais on y est arrivés ! »

Honnêtement, entre nous, il est déjà trop tard, ça ne sert à rien de se battre… Le combat est perdu d'avance, donc ne gaspillez pas votre temps!

Ronan, 37 ans, boulanger

Je peux comprendre ton défaitisme. L'inaction globale ne nous aide pas à avoir espoir. Mais **je ne suis pas certaine que cette posture soit stratégique.** Schématiquement, il y a deux issues possibles à ce « combat » contre l'emballement du climat. Soit nous réussissons à inverser la tendance et à atténuer les effets du changement climatique, et tout le monde en bénéficiera. Soit nous n'y parvenons pas mais, *a minima*, nous aurons tenté. Certains regretterons alors sûrement de ne pas s'être suffisamment investis pour donner davantage d'élan au mouvement, mais il sera alors trop tard. Donc laissons de côté notre prétendue impuissance et tentons collectivement de faire bouger les lignes. Comme dit le célèbre dicton : Qui ne tente rien n'a rien !

Ceci étant dit, qu'en est-il réellement, est-il vraiment trop tard comme tu le dis, Ronan ? **Certes, certains effets du changement climatique sont déjà irréversibles[29]. Mais continuer à émettre du CO_2 dans l'atmosphère ne ferait qu'aggraver la situation. Plus**

notre réponse pour réduire les émissions de gaz à effet de serre sera tardive, plus les effets négatifs du dérèglement climatique seront importants[30]. Nous avons encore une marge de manœuvre, mais l'action doit être immédiate pour assurer un avenir vivable[31]. Il est donc urgent de réduire nos émissions car on estime qu'au-delà de 3 °C de réchauffement planétaire, l'humanité entrerait dans une zone de grande incertitude quant à l'habitabilité de nombreuses régions du monde, avec des effets d'emballement dont les scientifiques peinent à estimer l'ampleur. De manière imaginée, c'est comme si on était lancés à 150 km/h sur l'autoroute et qu'au bout du trajet se trouvait un mur que nous avions bien identifié. Toutefois, à mesure que nous nous rapprochons du mur, le pilote et ses copilotes décident d'accélérer. Malgré les experts alarmistes d'Infotrafic en boucle sur l'autoradio, ils décident de maintenir la cinquième. Même s'ils savent que plus ils accélèrent, plus le freinage sera compliqué et brusque, et qu'ils mettent en danger d'autres passagers. C'est un peu brutal comme image – j'en conviens – mais cela ressemble fortement à la situation dans laquelle nous nous trouvons. Il est vital de décélérer (même s'il aurait été judicieux de ralentir plus tôt), car en freinant dès maintenant on limite les dégâts causés par l'impact du mur.

Agir ou ne pas agir (à l'échelle individuelle et collective) peut également relever d'un devoir moral et

d'une responsabilité envers les générations futures et les autres êtres vivants, humains et non humains. Moralement, comment justifier l'achat de vêtements de *fast fashion* dont les teintures polluent les rivières en Inde ? Comment continuer de changer annuellement de téléphone portable, dont les dépouilles finissent dans des décharges à ciel ouvert au Ghana ? Comment accepter de travailler pour une entreprise qui finance l'exploitation de forages pétroliers en Ouganda ? Pour toutes ces actions, il n'est pas trop tard pour agir. Chacune et chacun d'entre nous est à la fois un citoyen, un travailleur, un consommateur, et éventuellement un parent. Nos choix, notamment à travers nos achats, ont un impact concret qu'il ne faut pas minimiser. Retroussons-nous les manches et décélérons en urgence car le temps nous est compté !

Arrêtez de me dire ce que je dois faire à la fin... C'est pas les petits gestes individuels qui vont nous sauver !

Monique, 56 ans, déléguée syndicale
d'une grande usine de papier

Je te rejoins en partie, Monique. Évidemment, ce n'est pas faire pipi sous la douche pour économiser les cinq litres de la chasse d'eau qui vont changer la face du monde et régler la crise de la ressource en or bleu. Qui plus est quand on sait que 90 % des ressources en eau douce en France sont utilisées pour l'agriculture, en particulier l'agriculture industrielle intensive[32]. **Les actions « écoresponsables » que nous pouvons entreprendre en tant qu'individus sont très largement imbriquées dans des structures économiques, sociales, politiques et géographiques qui nous contraignent.** Par exemple, prendre son vélo plutôt que sa voiture individuelle est très facile quand on habite en centre-ville, mais l'est beaucoup moins en milieu rural quand il n'y a pas de pistes cyclables sécurisées. Nous sommes dépendants des infrastructures publiques qui jouent comme autant d'incitations ou de dissuasions à endosser tel ou tel comportement.

Toutefois, le fait que l'impact de nos actions soit souvent minime par rapport à celui de l'État ou des grosses entreprises ne doit pas nous faire baisser les bras. **Notre action individuelle est une condition à l'action de l'État et des entreprises, tout comme leurs décisions politiques ont un impact sur notre mise en mouvement.** Tout est imbriqué, c'est pourquoi il nous faut impérativement sortir vite du « triangle de l'inaction[33] » qui correspond à cette situation de blocage collectif où chacun – État, entreprises, citoyens – pointe la responsabilité des autres pour se dédouaner d'agir.

FIGURE 2 : LE TRIANGLE DE L'INACTION

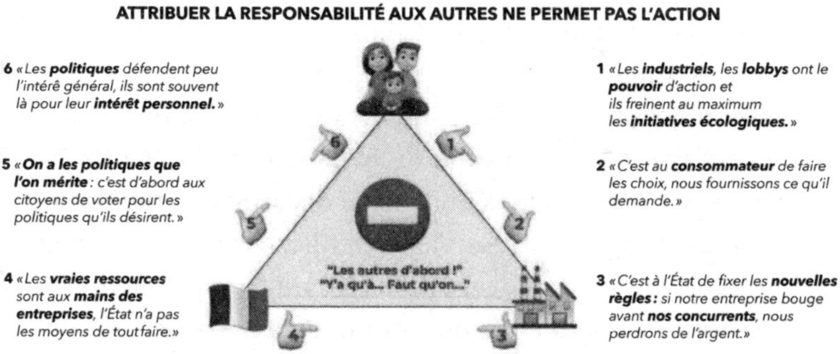

Source : Pierre Peyretou.

Plutôt que de se renvoyer la balle, chacun doit absolument actionner les leviers en sa possession pour que ce triangle de l'inaction se mue en véritable triangle de la coopération.

Dans une étude intitulée « Faire sa part[34] », le cabinet Carbone 4 a analysé quels seraient les leviers d'action pour diviser notre empreinte carbone par cinq, de manière à atteindre nos objectifs climatiques. Le cabinet estime que les changements de comportements individuels significatifs dits « héroïques » (comme devenir végétarien, privilégier le vélo, ne plus prendre l'avion) permettraient, au mieux, de réduire l'empreinte carbone moyenne de 25 %. Ainsi, l'impact de l'action individuelle n'est pas négligeable : celle-ci est même cruciale, à condition de ne pas se cantonner aux mini actions symboliques (comme acheter une gourde, par exemple*). Et cette action individuelle doit aller de pair avec des changements structurels qui représentent les 75 % restants de l'effort à fournir pour atteindre nos objectifs climatiques. Ainsi, pour réduire notre empreinte carbone de 80 % d'ici 2050, les structures sociotechniques doivent se décarboner (industrie, systèmes agricoles, services publics, transports...) et l'État doit permettre aux ménages de faire des investissements conséquents, notamment via des aides dans la rénovation thermique des logements. Les entreprises devront également revoir leur stratégie et réduire leur dépendance aux énergies fossiles. L'étude conclut : « Il

*. Ce qui est très bien. Mais pas suffisant. C'est comme si vous vous mettiez au régime et que vous supprimiez la sucette de votre goûter, tout en continuant de manger un paquet entier de bonbons format familial.

est donc vain, et même dangereusement contre-productif, de prétendre résoudre les questions climatiques en faisant reposer l'exclusivité de l'action sur les seuls individus. Le problème est systémique ; la construction d'une solution viable et crédible ne peut faire l'économie d'une action collective forte, qui devra passer par la mise en mouvement de tous, à la mesure des efforts déployables par chacun. »

Alors, non, ce ne sont pas les seuls petits gestes individuels qui nous sauveront, mais ils ont tout de même un impact, parfois plus grand que ce que l'on croit. Et surtout, nous avons chacune et chacun un pouvoir d'influence sur nos amis, nos familles, nos collègues, nos voisins. Imagine que tu réussisses à convaincre trois amis de l'urgence d'agir, et que ces trois amis en convainquent chacun trois autres, qui... L'effet boule de neige peut aller plus vite que prévu ! Le jeu « La fresque du climat » qui permet de comprendre les enjeux climatiques l'a bien montré puisque plus d'un million de personnes ont été formées en seulement cinq ans, les participants pouvant devenir à leur tour ambassadeurs et formateurs.

Nous n'avons pas à sacrifier les Français et l'industrie française sur l'autel de la lutte contre le réchauffement climatique. Que les Américains et les Chinois commencent [...]. *La France représente 1 % des émissions de* CO_2.

Éric Zemmour, candidat à l'élection présidentielle, 63 ans, lundi 7 février 2022 au micro de France Inter

Je ne peux vous laisser exprimer une telle aberration. Laissez-moi vous donner quelques éléments chiffrés pour mettre ce « 1 % » en perspective.

Tout d'abord, comparer les émissions de CO_2 entre pays n'a pas vraiment de sens étant donné leurs différences en termes de taille de population. Par exemple, la Chine qui est le premier pollueur au monde génère près de 30 % des émissions mondiales[35], mais concentre 18 % de la population terrestre. Il est donc logique qu'elle émette davantage que la France. Il est plus représentatif de regarder le palmarès des pays pollueurs, en fonction des émissions rapportées à l'habitant, ce qui modifie radicalement le classement. Ainsi, par tête, ce sont les Qataris qui émettent le plus : 41 teqCO_2 (tonnes équivalent CO_2) en moyenne par personne et par an. Pour les Américains, situés au 11e rang, c'est 16 teqCO_2 par individu. Quant à la Chine, elle descend au 50e rang, avec 6,7 teqCO_2[36]. Pour les Français, c'est en moyenne

6,5 teqCO_2. Sachant qu'un humain émet en moyenne 4,8 teqCO_2 par an.

Alors, certes, la France n'émet que 1 % des émissions de gaz à effet de serre mondiales, mais elle importe énormément, ce qui n'est pas pris en compte dans ce faible pourcentage. Selon le Global Carbon Atlas, en 2021 la France a émis 306 millions de tonnes de CO_2, sur les 37 124 millions émises à l'échelle globale, ce qui en fait le 20e pays le plus émetteur. Toutefois, cette comptabilité prend en compte uniquement les émissions territoriales, c'est-à-dire celles émises sur le sol national. Or, la France s'étant désindustrialisée, elle importe beaucoup. Ainsi, bien que destinés au marché français, la fabrication d'un téléphone portable ou d'une télévision n'est pas incluse dans ce calcul. Alors que la France importe bien plus de biens et de services carbonés qu'elle n'en exporte[37]. En ajoutant les importations, les émissions par tête en France atteignent 10 teqCO_2 et non plus 6,5. C'est ce qu'on appelle l'empreinte carbone.

Par ailleurs, même si la France ne représente actuellement que 1 % des émissions du monde, elle a une responsabilité historique dans le changement climatique. En prenant en compte le cumul des émissions de gaz à effet de serre depuis 1750, les États-Unis et la Chine arrivent en tête du classement, suivis en 8e position par la France qui a émis 38 milliards de teqCO_2 cumulées, soit 2 % du total[38].

Enfin, dans un souci d'exemplarité, la France est tenue par l'Accord de Paris sur le climat[39] d'atteindre les objectifs fixés collectivement. Les 197 parties signataires se sont engagées à contenir d'ici 2100 le réchauffement climatique bien en dessous de 2 °C par rapport aux niveaux préindustriels, et à poursuivre les efforts pour limiter la hausse des températures à 1,5 °C. L'objectif de neutralité carbone est également réaffirmé, c'est-à-dire atteindre un équilibre entre nos émissions de gaz à effet de serre et l'absorption du CO_2 par les puits de carbone (les forêts, les océans...). Rappelons également que la France fait partie des pays riches disposant d'une marge de manœuvre importante que d'autres pays n'ont pas. C'est pourquoi, Monsieur, nous n'avons aucune excuse pour ne pas passer à l'action ! Nous n'avons d'ailleurs pas attendu que tous les autres pays du monde fassent la révolution pour renverser le roi en 1789 (événement dont nous sommes si fiers). Alors, n'attendons pas que les autres bougent le petit doigt pour nous mettre en mouvement. Même si la France ne représente que 1 % des émissions mondiales, nous ne pouvons pas nous défiler. Nous avons une responsabilité à assumer. Endossons-la, nous en serons fiers demain.

Vous êtes mignons avec vos idées sur l'écologie... Mais, la vraie urgence aujourd'hui c'est quand même la crise sociale !

Fouad, 22 ans, étudiant en sociologie

Ces dernières années, on a beaucoup opposé crise sociale et crise écologique. Allant jusqu'à caricaturer d'un côté des citadins écolos jugés totalement hors-sol, et de l'autre des Gilets jaunes sur les ronds-points en lutte contre l'augmentation du prix de l'essence et n'ayant aucune considération pour l'environnement.

Pourtant, les luttes écologistes ont intégré dès leurs débuts une dimension profondément sociale pour des questions de justice environnementale. De nombreux mouvements de contestation sont en effet nés suite à des scandales environnementaux et sanitaires. Ces derniers touchent généralement les populations les plus pauvres qui sont les plus exposées à des rejets ou des pollutions particulièrement néfastes pour leur santé. En témoigne notamment le scandale du chlordécone en Guadeloupe et en Martinique où le niveau de vie moyen est nettement inférieur à celui de la France métropolitaine. Alors que cet insecticide est retiré de la vente en France métropolitaine dès 1990, le chlordécone bénéficie d'une dérogation puis d'un flou juridique dans les cultures bananières des Antilles. Or, cette substance contamine gravement les sols et les nappes d'eau souterraines du territoire, engendrant des empoisonnements, une augmentation du risque de cancer de la prostate et une hausse des accouchements prématurés. Malgré la prononciation d'un non-lieu en 2023, le tribunal a confirmé l'existence d'un «scandale sanitaire», sous la forme «d'une atteinte environnementale dont les conséquences humaines, économiques et sociales affectent et affecteront pour de longues années la vie quotidienne des habitants» de Martinique et de Guadeloupe. D'autres exemples comme le scandale du Téflon qui a contaminé l'eau potable en Virginie, ou celui de la pollution et de la surpêche du lac Victoria qui génère un chômage de masse chez les pêcheurs, sont à la fois des drames environnementaux et sociaux. Les deux sont intimement imbriquées.

Par ailleurs, on constate que les premières victimes des effets du changement climatique sont loin d'être les individus les plus favorisés. Aux États-Unis, par exemple, les injustices environnementales sont fortement liées aux caractéristiques ethniques des populations. Une étude[40] montre d'ailleurs que les population noires et latinos subissent bien plus l'effet d'îlot de chaleur urbain que les personnes blanches en raison de fortes inégalités dans l'aménagement du territoire.

Les quartiers huppés sont bien plus verts que les zones plus pauvres qui sont pour leur part marquées par une omniprésence de l'asphalte. Si bien qu'on constate une forme de ségrégation climatique. Concernant la France, on se rend compte que le changement climatique impacte les agriculteurs qui sont déjà très précaires, en raison des événements extrêmes qui menacent les cultures (sécheresses, incendies, épisodes de grêle…) et de la tension grandissante sur les ressources en eau. Rappelle-toi l'été 2022 : les sécheresses en France avaient induit d'énormes pertes fourragères pour les agriculteurs[41] ! Autre exemple : la pollution de l'air en Île-de-France touche particulièrement les habitants qui habitent en bordure du périphérique (donc les plus pauvres), avec des conséquences directes sur la santé, comme des problèmes respiratoires[42]. Bref, tout ça pour dire que justice sociale et écologie sont intrinsèquement liées, d'où l'urgence de joindre ces deux enjeux autour des questions de justice climatique. D'autant plus que le changement climatique risque fortement d'augmenter les inégalités au niveau mondial, notamment en raison de l'impact du climat sur les récoltes de certains pays particulièrement chauds et secs[43].

Mais, au niveau national, observe-t-on vraiment une convergence des luttes sous la bannière « Fin du monde, fin du mois, même combat » ? C'est loin d'être une évidence, car les mesures en faveur du climat sont parfois perçues comme punitives par les citoyens. D'où cet enjeu majeur : **la justice sociale doit être une condition *sine qua non* au déploiement de mesures écologiques ambitieuses.** Ces dernières doivent être équitables pour être acceptées socialement. La taxe sur le carburant en 2018 a été le parfait exemple d'une mesure écologiquement intéressante, mais socialement inacceptable pour des populations dépendantes de la voiture au quotidien et à qui aucune alternative n'était proposée. La mesure a été perçue comme véritablement injuste, entraînant le mouvement des Gilets jaunes. Pourtant, en matière de politique publique, la fiscalité peut être un levier très intéressant pour cibler en priorité les plus pollueurs (qui sont par ailleurs les plus riches). Taxer en priorité le kérosène des avions (dont les jets privés) semblerait être une mesure de bon sens et de justice climatique au vu de leur impact démesuré sur le dérèglement du climat. Pour être acceptées, les politiques publiques doivent à la fois être efficaces (viser là où les gains sont les plus importants) et justes socialement (cibler en priorité ceux qui sont le plus responsables de ce que l'on cherche à endiguer). Selon le philosophe John Rawls, pour mettre en place des mesures socialement justes, le législateur doit revêtir le « voile de l'ignorance » qui lui permet d'occulter sa propre position dans la société pour prendre des décisions impartiales au nom de l'intérêt général.

Pour réconcilier protection de l'environnement et justice sociale, je t'invite aussi à regarder du côté des travaux de Kate Raworth, connue pour sa théorie du donut. Partant du constat qu'il existe des limites planétaires qu'on ne peut pas dépasser sans risquer de compromettre la vie sur Terre, l'économiste britannique propose une zone de développement humain, comprise entre un plafond environnemental et un plancher social qui correspond aux besoins fondamentaux des humains pour assurer leur épanouissement. Cette zone en forme de donut consiste en un «espace sûr et juste pour l'humanité» qui permet un «développement économique inclusif et durable». De quoi réconcilier le social et l'écologie!

FIGURE 3 : LA THÉORIE DU DONUT

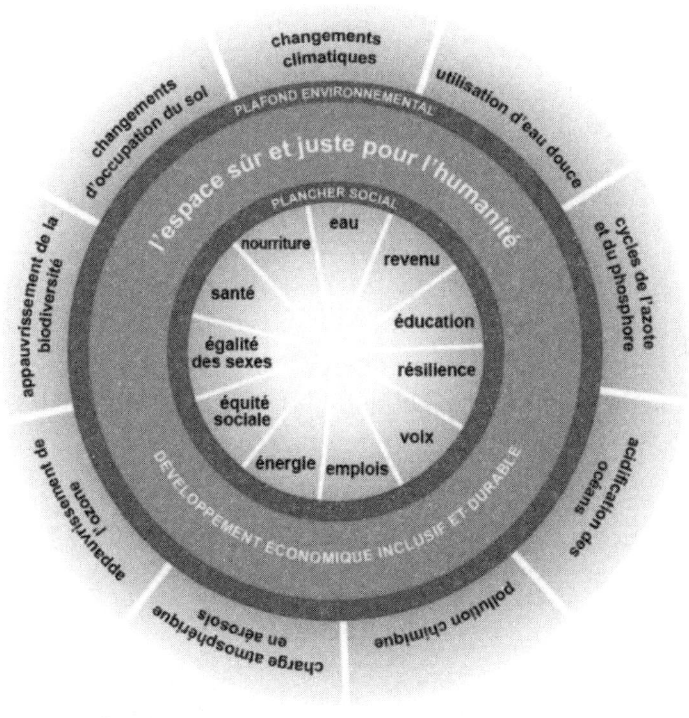

Source : Oxfam France.

Franchement, ça sert vraiment à rien de me gâcher la vie à être écolo ! Autour de moi personne ne fait d'efforts, donc à quoi bon ?

John, 21 ans, étudiant en BTS comptabilité et gestion

Je comprends tout à fait ce que tu ressens. C'est dur de tenir bon, de continuer à y croire quand la quasi-totalité de notre entourage continue de manger de la viande tous les jours, de prendre l'avion cinq fois par an et d'utiliser sa voiture pour aller acheter une baguette de pain à deux pâtés de maison. Ça peut carrément être décourageant quand on compare tout cela à ce qu'il nous faudrait entreprendre pour atténuer le dérèglement climatique. Une étude de BL Évolution[44] montre que, pour limiter le réchauffement à 1,5 °C d'ici la fin du siècle, il faudrait par exemple réduire de 72 % le trafic aérien en instaurant – entre autres – une loterie nationale distribuant 500 000 vols par an, ou encore limiter l'achat de vêtements neufs à un kilo par an et par personne. D'autres mesures aussi drastiques sont évoquées dans l'étude et seule l'application conjointe de l'ensemble de ces mesures permettrait de respecter l'Accord de Paris. Bref, de quoi donner le vertige face à la déconnexion avec la réalité des actes.

Pour autant, ne penses-tu pas qu'on a comme le devoir de rester optimiste? Pas vraiment par rationalité mais parce que nous n'avons pas le choix. Sinon, quoi? Le défaitisme? Pour te redonner un peu d'espoir, souviens-toi que tu es loin d'être le seul à «faire des efforts». Il y a tant de collectifs, d'associations environnementales, de personnalités publiques et politiques qui se battent pour leurs territoires... Je pense d'ailleurs qu'il est même plus facile de se revendiquer «écolo» actuellement qu'il y a trente ou quarante ans, car nous sommes de plus en plus nombreux à remettre en question le système productiviste. Quelque chose est en train de se passer. Nous sommes un nombre grandissant à voir les failles de notre course infinie au progrès et à la croissance. Et même si nous ne sommes pas encore en majorité, rappelons-nous que toute conquête sociale passe par la lutte d'un petit nombre qui grossit. Les suffragettes n'étaient que trois-cents au début. Jusqu'à ce que le vote des femmes devienne la norme. Tout est marginal avant de devenir normal.

J'ai d'ailleurs lu quelque chose qui peut te redonner le moral. Ça s'appelle le point de bascule sociale (ou *social tipping point*). *Grosso modo*, il s'agit d'un moment à partir duquel une minorité de personnes pèse assez dans le débat public pour imposer une idée qui est reprise dans le champ politique car les hommes et les femmes politiques ont davantage à y gagner qu'à y perdre électoralement. Mais alors, quel pourcentage de la population faut-il convaincre pour atteindre ce point de bascule et espérer voir un vrai changement de norme sociale ? Selon l'éditorialiste Malcolm Gladwall, ce *tipping point* se situe aux alentours de 10 % d'une population[45]. Si une personne sur dix est engagée et adopte de nouveaux comportements, alors on peut espérer modifier la norme dominante et entraîner le reste de la population. Donc, on est peut-être encore en minorité, mais cette minorité peut faire bouger les lignes par effet de levier !

C'est certainement frustrant de voir que ton entourage ne fait pas autant d'efforts que toi. **Mais, sans passer pour l'énorme relou, tu peux montrer à ton échelle que ces fameux « efforts » apportent beaucoup de positif dans ta vie !** Tu n'achètes plus rien de neuf mais tu chines des perles rares en brocante, tu évites l'avion et fais des treks dans les Pyrénées, tu réduis la viande et découvres comment cuisiner les légumes autrement pour en faire des plats succulents, tu ne fais pas les soldes donc tu libères du temps pour voir des potes… Il y a pire comme vie, non ? Ces soi-disant « efforts » te permettent finalement, non pas de décroître vers une sorte de sobriété subie et triste, mais de (re)découvrir de nouvelles abondances sources de joie !

Dans tous les cas, le dialogue avec l'entourage reste la clef. Ce n'est pas simple, il faut choisir les bons mots, les bons arguments, ne pas braquer l'autre, être ouvert et empathique tout en rappelant que le temps nous est compté, avoir des sources sûres et précises tout en n'assommant pas son interlocuteur de données chiffrées. C'est compliqué et c'est fatigant. Le seul conseil que je pourrais te donner, c'est d'écouter l'autre et de comprendre ce qui compte pour lui/elle, pour relier ses centres d'intérêt aux enjeux écologiques. Ton meilleur pote adore skier mais roule en SUV? Lui parler de la fonte des glaciers peut être un bon angle pour aborder le sujet du changement climatique. Alors, en attendant le point de bascule sociale, il nous faudra nous armer de patience, être pédagogue, maintenir la discussion et montrer qu'un monde écologique est loin d'être triste!

Vouloir une société socialement et écologiquement juste… Non mais vous êtes mignons, vous êtes vraiment des utopistes, vous !

Véronique, 48 ans, comptable
dans une PME lyonnaise,
et mère seule de trois enfants

Mais oui, nous sommes des utopistes! **Véronique, t'es-tu déjà demandé ce que serait notre vie s'il n'y avait jamais eu d'utopistes ?** Serions-nous tous égaux aux yeux de la loi ? Pourrions-nous toutes et tous voter aux élections? Aurions-nous pu bénéficier d'une éducation gratuite? Ce qui, autrefois, paraissait être une utopie, s'est à un moment concrétisé. Non par magie, mais parce que des hommes et des femmes se sont battus pour ces transformations. La fin de la ségrégation raciale aux États-Unis était une idée folle! Pourtant, les luttes méticuleusement orchestrées par les organisations noires ont finalement abouti en 1964 à la fin des lois Jim Crow. Les congés payés, un rêve totalement saugrenu! Et pourtant, le 20 juin 1936, le gouvernement Blum acte cette révolution pour les salariés. Et que pourrions-nous dire de la fin des privilèges octroyés à la noblesse, de la chute du mur de Berlin, de la mise en place de la Sécurité sociale, de la chute du régime nazi, de la fin de l'apartheid en Afrique du Sud... Des situations qui paraissaient insurmontables et verrouillées se sont dénouées pour faire entrer dans le champ de la réalité ces « utopies ». C'est grâce à des luttes que nous avons aujourd'hui de nombreux « acquis sociaux » qui devraient d'ailleurs être renommés « conquis sociaux », comme le suggérait le syndicaliste Ambroise Croizat !

Pourtant, paradoxalement, le terme « utopie » est aujourd'hui connoté de manière péjorative. Celui ou celle qui est utopique n'est pas considéré comme étant sérieux. Dérivé du grec, le mot « utopie » signifie étymologiquement « ce qui n'a pas de lieu ». Ce terme ne désigne donc pas quelque chose d'« infaisable », mais bien quelque chose qui n'est pas et vers quoi on pourrait tendre. Les utopies ont le pouvoir de donner une direction, elles peuvent remettre du sens dans le brouhaha. Aujourd'hui, nous assistons aux limites du système capitaliste néolibéral sur le plan des limites terrestres, du bien-être, des inégalités, de la santé…

L'arrivée de modèles alternatifs est donc essentielle pour imaginer une autre organisation sociale, davantage fondée sur la sobriété heureuse que sur les liens de domination qui caractérisent l'actuelle fuite en avant. Penser l'avenir est essentiel pour mettre en mouvement les grands enfants que nous sommes qui ont besoin de se raconter des histoires. Toute civilisation a ses propres mythes, ses légendes, ses explications aux questionnements métaphysiques qui sont universels.

C'est le propre de toute société de se raconter des histoires, pour panser l'absurdité du monde et lui donner un sens. Aujourd'hui, dans notre monde de plus en plus désenchanté[46], nous avons un besoin criant d'inventer un nouveau récit, pour donner du sens, pour donner un cap commun. Et plutôt que de se sentir impuissants face aux vents contraires, estimons-nous chanceux de faire partie d'un moment de bascule entre un monde qui ne nous convient plus et un univers qu'il reste à inventer.

Tentons ensemble un effort prospectif. Demandons-nous : quel est le sens de l'Histoire ? Comment l'Histoire jugera-t-elle la période que nous traversons aujourd'hui ? Voulons-nous faire partie des résistantes et des résistants ? Car nous sommes à un moment charnière, complexe et terrifiant mais aussi passionnant car nous pouvons en être les acteurs et nous avons une responsabilité envers l'avenir. **Nous avons la possibilité de choisir dans quel camp de l'Histoire nous souhaitons être.** Choisissons celui dont nous voudrions être fiers, et rappelons-nous, comme le disait Pierre Rahbi, que « les utopies d'aujourd'hui sont les solutions de demain ». Soyons créatifs, nous en avons tant besoin.

3.

Les éco(nomico)-anxieux

Avez-vous déjà entendu parler d'écoanxiété? C'est un mal-être souvent observé chez de jeunes personnes qui sont angoissées par les crises écologiques et par l'inaction globale face à l'ampleur des enjeux.

Eh bien, les éco(nomico)-anxieux sont à peu près l'inverse. Schématiquement, ils craignent davantage un bouleversement des indicateurs économiques (explosion de la dette, chute du PIB, creusement du déficit…) que l'effondrement écologique en cours, système sur lequel repose pourtant leur boussole économique. Ils érigent ainsi la croissance du PIB en guide suprême, alors que cet outil est aveugle au bien-être, à la santé et à la résilience des écosystèmes.

Pour tenter de les convaincre, il semble impératif de rappeler l'urgence et les limites physiques avec lesquelles il n'est pas possible de négocier. Une fois que l'on partage ce constat, on pourra ensuite parler du

« comment faire » pour rester dans les limites planétaires. Là-dessus, il semble important de leur montrer qu'un monde plus écologique est certes un monde où certains secteurs devront impérativement décroître (voitures thermiques, aviation, agriculture intensive…) mais où d'autres pans de l'économie devront fortement grossir (agriculture raisonnée et bio, économie sociale et solidaire, métiers de la réparation), ce qui sera bénéfique pour l'emploi, le vivant et la santé. Ce n'est pas une régression, c'est un changement de paradigme.

En supprimant des filières polluantes, vous allez forcément condamner des emplois et créer de la pauvreté !

Sylvain, 57 ans, député d'un territoire marqué par un fort tissu industriel

Sylvain, merci d'aborder le sujet, car la question de l'emploi est fondamentale quand on parle de transition écologique. C'est un gros morceau du sujet. Il est évident que certains emplois ne sont pas compatibles avec la transformation écologique de notre économie ; mais il ne s'agit pas d'opposer social et écologie. **Rappelons que créer des emplois pour simplement créer des emplois – et donc accroître notre PIB – a peu de sens. Il faut aussi questionner la raison d'être de ces emplois et leur apport qualitatif à la vie en société.** Au fil des évolutions sociales, certains emplois ont déjà pu disparaître car leur contenu posait des questions morales, sociales ou humaines. En abolissant la peine de mort, on a sûrement détruit des emplois[47] ; pourtant, personne (ou presque) ne s'y opposerait aujourd'hui. Quand on interdit l'usage d'un produit dangereux pour la santé (comme l'amiante en 1997 ou le bisphénol A dans les biberons en 2015), on détruit aussi des emplois, mais les enjeux de santé publique l'emportent. Pourquoi alors ne pas adopter le même raisonnement sur les questions écologiques ? Car écologie et santé sont systématiquement imbriqués : quand la pollution augmente, ce n'est pas « l'écologie » qui souffre, c'est bien le monde vivant, humain et non humain.

Certains emplois ne pourront pas se maintenir dans un monde bas-carbone (comme les emplois liés aux voitures thermiques et à l'extraction des énergies fossiles), mais la bonne nouvelle, c'est que la révolution écologique est fortement créatrice d'emplois. Tout comme le progrès technique dans les théories de Schumpeter, la transition écologique génère une dynamique de « destruction créatrice ». Nous avons besoin de plus d'entreprises dans le secteur stratégique de la rénovation thermique des bâtiments, de plus d'agriculteurs dans nos campagnes et de plus de salariés dans le secteur du vélo. C'est plutôt une excellente nouvelle pour relancer l'économie de ton territoire ! Tout l'enjeu consiste alors à assurer une reconversion des salariés vers des activités compatibles avec le respect de la biosphère, et c'est une tâche immense qu'il faut planifier et anticiper. À travers le Plan de transformation de l'économie française (PTEF), The Shift Project* s'est donné

*. The Shift Project est un think tank fondé par l'ingénieur Jean-Marc Jancovici qui œuvre en faveur d'une économie libérée de la contrainte carbone.

la mission de « proposer des solutions pragmatiques pour décarboner l'économie, secteur par secteur, en favorisant la résilience et l'emploi », sans reposer sur la croissance économique ou des évolutions technologiques supposées. Le rapport conclut qu'en « anticipant suffisamment les besoins de formation, de reconversion et d'accompagnement à toutes les échelles, le nombre total d'emplois à l'issue de la transformation sera supérieur à celui d'aujourd'hui ». L'Ademe anticipe même un solde positif de 540 000 emplois équivalent temps plein (ETP) supplémentaires créés d'ici 2030, qui pourrait atteindre un million d'emplois à l'horizon 2050. Grâce à la généralisation des pratiques agroécologiques et à la réduction de la dépendance au pétrole et aux importations, le PTEF propose un scénario d'ici 2050 de baisse de 88 000 ETP dans l'agro-industrie, mais une augmentation de 500 000 ETP dans le secteur agricole, soit une augmentation nette de 412 000 ETP, rien que pour l'agriculture.

Certains secteurs, sans totalement disparaître, devront en revanche se réinventer. Prenons l'exemple de la publicité. Si les annonces qui promeuvent des produits néfastes pour l'environnement viennent à être interdites (comme le proposait la Convention citoyenne pour le climat), les chargés d'études marketing, les graphistes, maquettistes, imprimeurs et rédacteurs de ces secteurs devront mettre leur créativité au service de nouveaux produits et imaginaires moins fondés sur l'accumulation matérielle que sur l'épanouissement, la solidarité et le respect du vivant. J'en conviens, une telle transformation de modèle est loin d'être aisée mais elle sera nécessaire pour arriver à un monde bas-carbone. Car on ne peut pas exiger des individus qu'ils consomment moins et mieux tout en leur envoyant chaque jour entre 1200 et 2200 messages publicitaires[48]. C'est comme inciter un proche à faire un régime tout en lui mettant constamment sous le nez des sucreries. Et Sylvain, honnêtement, je te mets au défi de me citer une personne sur cette terre qui regrettera les publicités de SUV!

La transition écologique coûte extrêmement cher. Tous ces investissements creusent la dette que nous laisserons à nos enfants !

Denis, 42 ans, chef d'une entreprise de logistique et père de deux enfants

Tout dépend de quelle dette on parle. Avec le changement climatique qui est dû à l'augmentation des émissions de gaz à effet de serre, les événements extrêmes (sécheresse, pluies diluviennes, épisodes de grêle, cyclones…) seront désormais de plus en plus fréquents ; c'est un consensus scientifique. **Tous ces épisodes climatiques sont très coûteux en réparations pour l'État et les assurances**. Tu te souviens peut-être du passage de la tempête Alex dans le sud-est de la France à l'automne 2020 qui avait fait un sacré bazar… Les dégâts sur les infrastructures publiques (comme les routes et les ponts) avaient été estimés à 720 millions d'euros dans trois vallées de l'arrière-pays niçois, la Vésubie, la Tinée et la Roya[49]. Dans le secteur agricole, les pertes fourragères dues aux sécheresses sont déjà très inquiétantes, tout comme les épisodes de grêle qui déciment les récoltes ou l'augmentation des températures qui engendre une floraison précoce. Les conséquences du dérèglement climatique sont donc déjà perceptibles.

De plus, le coût de l'inaction est supérieur au coût de l'action, ce qui nous incite à investir massivement aujourd'hui. Selon le rapport Stern, le coût de l'inaction se situe entre 5 et 20 % du PIB mondial, alors que le coût de l'action est d'environ 1 %. Vois-tu, le coût de l'inaction dépasse celui de la prévention ! Investir massivement aujourd'hui quitte à creuser la dette relève aussi d'un raisonnement purement économique. Plus les gouvernements tardent à mettre en place de telles mesures, plus la charge économique sera lourde. Il est donc impératif d'anticiper ces intempéries et de jouer à la fois sur l'atténuation des effets du changement climatique (réduire nos émissions de gaz à effet de serre) et sur l'adaptation qui consiste à aménager nos territoires de manière à diminuer notre vulnérabilité.

L'adaptation au changement climatique est également un enjeu majeur pour le système assurantiel. Sur la période 1900-1910, on estime à dix le nombre d'aléas climatiques majeurs par an non prévus[50]. Pour 2050, on en anticipe 280, alors que les sociétés d'assurances sont dimensionnées pour cinquante à soixante aléas. Face à l'augmentation des sinistres dus au dérèglement climatique, les assurances devront probablement augmenter leur prix. Il est donc nécessaire de s'adapter à ces aléas ; autrement le système assurantiel ne pourra plus fonctionner. Déjà en 2015, le PDG d'Axa, Henri de Castries, expliquait : « Une augmentation de 2 degrés de la température moyenne dans le monde peut encore être assurable, mais ce qui est certain, c'est qu'une hausse de 4 °C ne l'est pas[51] », notamment en raison de la montée du niveau des océans. L'impossibilité de s'assurer est déjà une réalité dans certaines régions d'Australie ou en Californie, ravagées par les mégafeux et les inondations. Les compagnies Allstate et State Farm n'acceptent désormais plus aucun client californien en raison de « la croissance rapide de l'exposition aux catastrophes[52] ». On risque donc de voir les assurances devenir un produit de luxe.

Par ailleurs, l'urgence de la situation climatique est telle que nous devons assumer ce coût ; nous n'avons pas vraiment le choix. Le Covid-19 nous a d'ailleurs montré que – dans des situations exceptionnelles d'urgence – nous étions capables, collectivement, de débloquer des moyens financiers gigantesques et de mettre en place des solutions concrètes en un temps record. Le « quoi qu'il en coûte » en 2020 a généré une augmentation de la dette publique de près de 20 points de PIB par rapport à 2019, ce qui a permis de limiter très fortement les effets sociaux et économiques négatifs de la crise sanitaire[53]. La solidarité européenne a par ailleurs joué un rôle majeur puisque la dette européenne a été mutualisée* pour aider les États les plus endettés à

*. À travers l'émission des fameux *corona bonds*.

emprunter à faible coût sur les marchés financiers pour soutenir leurs économies durement touchées par l'épidémie[54]. Et, en seulement quelques mois, la recherche a mis au point un vaccin contre le coronavirus. En raison de l'urgence mondiale. On connaît une autre urgence mondiale, non ?

Enfin, Denis, si nous n'assumons pas ces investissements*, nous risquons surtout de laisser une dette écologique dramatique à nos enfants : un air pollué (le CO_2 reste 100 ans dans l'atmosphère), des sols inutilisables (1 cm de sol met entre 200 et 1 000 ans à se former), des océans ravagés par le plastique (ce matériau met près de 500 ans à se dégrader, sans compter les nanoparticules qui demeurent dans les écosystèmes) et une biodiversité à l'agonie (un million d'espèces sont menacées de disparition dans le monde). À moins que l'État et les entreprises n'investissent massivement dans des mesures d'atténuation et d'adaptation peu consommatrices de ressources naturelles, dès maintenant.

*. On estime à 66 milliards d'euros par an à l'horizon 2030 le supplément d'investissement nécessaire à la transition climatique, soit 2,3 points de PIB sur base annuelle (« Les incidences économiques de l'action pour le climat », rapport de Jean Pisani-Ferry et Selma Mahfouz, mai 2023).

« *Mais comment vous allez financer tout ça ?* »

Jeanne, 48 ans, directrice financière
d'un grand cabinet de conseil

Ah, le nerf de la guerre ! C'est LE sujet central. Décider comment est financée la transition écologique requiert des décisions politiques pour choisir QUI va endosser ce coût.

Mais déjà, rappelons les faits. **Il y a urgence à agir et plus nous tardons, plus les effets du changement climatique seront importants, voire irréversibles**. Il y a urgence à agir car, pour atteindre nos objectifs climatiques, il nous faut faire en dix ans ce que nous avons eu du mal à faire en trente ans[55]. Donc, soit on planifie, on anticipe, on s'organise démocratiquement pour réduire nos émissions de gaz à effet de serre afin d'atteindre la neutralité carbone en 2050, soit on le fera dans quelques années, de manière brutale et sous la contrainte.

Pour chiffrer cette planification écologique, Selma Mahfouz, inspectrice générale des finances, et Jean Pisani-Ferry, économiste proche d'Emmanuel Macron, se sont vu confier par le gouvernement une mission d'évaluation des impacts macroéconomiques de la transition écologique. Ce rapport, remis en mai 2023, chiffre à 60-70 milliards par an d'ici 2030 (soit 2,5 % de PIB) le coût des stratégies d'atténuation* des émissions de gaz à effet de serre en France. Ce coût est-il si énorme ? Oui, me direz-vous, d'autant plus que ce chiffre est sous-estimé puisqu'il n'intègre pas le coût de l'adaptation des territoires. Mais **ce n'est rien comparé au coût de l'inaction** qui, selon le rapport Stern, se situe entre 5 et 20 % du PIB mondial, alors que le coût de l'action est d'environ 1 %.

On peut donc en tirer deux enseignements. Premièrement, les conséquences désastreuses du changement climatique (que nous pouvons déjà ressentir) ne nous laissent pas d'autre choix que celui d'agir. Deuxièmement, ne pas intervenir coûtera beaucoup plus cher, donc financer massivement la transition est un choix rationnel qui relève aussi d'une logique purement économique.

*. Les politiques publiques en faveur du climat sont souvent scindées en deux catégories : les mesures d'atténuation, qui visent à réduire les émissions de gaz à effet de serre, et les mesures d'adaptation qui permettent de se préparer au dérèglement climatique (exemple : consolider les bords de mer pour anticiper la montée des eaux ou construire des bâtiments adaptés aux chaleurs extrêmes).

Une fois que l'on partage ce constat, on fait quoi? Ce qui est certain, c'est que l'urgence écologique est telle que l'État doit endosser le rôle de chef d'orchestre du basculement écologique pour ne laisser personne de côté. Les politiques publiques doivent orienter les choix et décisions des entreprises et des concitoyens. Globalement, pour trouver les fonds nécessaires à une action ambitieuse de l'État, nous avons trois possibilités. On peut tout d'abord redéployer des ressources en piochant dans les portefeuilles de certains ministères, de manière à financer la transition. Mais les ministres vous diront que tous leurs sujets sont urgents, donc cela me paraît peu probable. D'autres mesures – l'instauration de prélèvements obligatoires et l'endettement de l'État – présentées dans le rapport de Jean Pisani-Ferry et Selma Mahfouz paraissent plus efficaces.

Tout d'abord, abordons les prélèvements obligatoires (autrement dit, les taxes). Cette mesure pose la question de la répartition de l'effort: tous les ménages français doivent-ils contribuer à la même hauteur au financement de la transition? Il est évident que non, pour la simple et bonne raison que le sentiment de justice est crucial pour embarquer les Français dans une sorte de bataille contre l'effondrement écologique. La solidarité est nécessaire pour que chacun consente à faire des efforts selon ses moyens. Comment se résoudre à abandonner sa voiture à moteur diesel quand les ultrariches ne sont même pas taxés sur le carburant de leurs jets privés ? La juste répartition de l'effort relève du bon sens pour éviter ce que Dominique Bourg appelle un « séparatisme climatique » entre les riches et les plus modestes. Le rapport de Jean Pisani-Ferry et Selma Mahfouz préconise ainsi la mise en place d'une forme d'ISF climatique qui prendrait la forme d'un impôt exceptionnel et temporaire sur le patrimoine financier des 10 % de ménages les plus aisés. Un prélèvement forfaitaire exceptionnel de 5 %, sur une période de trente ans pourrait rapporter près de 150 milliards d'euros au total. Pas assez pour financer toute la transition, j'en conviens. Mais il n'existe pas une seule et unique mesure magique. **Nous aurons besoin d'un cocktail de plusieurs actions complémentaires**. Par exemple, grâce à un système de bonus-malus, des taxes venant sanctionner des comportements néfastes pour l'environnement pourraient également être mises en place. Il sera alors absolument crucial d'apporter un soutien public pour accompagner les comportements vertueux, sans quoi la transition climatique se heurtera à ce que nous avons connu avec la taxe carbone, déclencheur du mouvement des Gilets jaunes. Rappelons-nous : **le coût de la transition ne sera accepté que s'il est justement réparti.**

Le rapport remis à Élisabeth Borne préconise également d'avoir recours à l'emprunt car « il ne sert à

rien de retarder les efforts au nom de la maîtrise de la dette publique». En effet, refuser de nous endetter nous expose à des risques climatiques qui menacent l'habitabilité de la Terre. Comme l'explique Cécile Duflot, il est possible de vivre en dépassant les 3 % de déficit autorisés par le Pacte de stabilité et de croissance, mais pas au-delà de 3 °C de réchauffement climatique. Le besoin massif d'investissement des dix à vingt prochaines années nécessite de dépasser le court-termisme des orientations budgétaires actuelles. Les sommes débloquées par l'Union européenne pour collectivement faire face au Covid-19 peuvent nous donner espoir pour obtenir davantage de flexibilité financière. Mais nous ne pouvons pas attendre d'être au pied du mur.

Enfin, Jeanne, au-delà des mesures de taxation (notamment des plus fortunés) et d'endettement de l'État, le volet réglementaire pourra aussi nous aider à atténuer nos émissions de gaz à effet de serre. On pourrait par exemple interdire la vente des voitures au-delà d'un certain poids, avec un coût pour la puissance publique proche de zéro. Pas mal, non ?

Pour faire face au dérèglement climatique, il nous faut absolument soutenir une croissance verte et durable !

Jean-Paul, 55 ans, professeur de maths au collège

Qu'est-ce qu'on entend par «croissance verte»? Très liée à la notion de développement durable, la croissance verte consiste à augmenter le produit intérieur brut (PIB) tout en réduisant nos impacts sur l'environnement, en particulier les émissions de CO_2. C'est ce qu'on appelle le «découplage»: le PIB et les émissions de CO_2 évolueraient dans un sens opposé, ce qui s'illustre par la forme d'un ciseau sur le graphique ci-dessous. La Commission européenne, par exemple, espère réduire de 55 % les émissions de l'Union européenne d'ici 2050 tout en ayant une augmentation du PIB de 80 % par rapport à 1990.

FIGURE 4 : « LA TRAJECTOIRE DE L'UE POUR ATTEINDRE UNE PROSPÉRITÉ ÉCONOMIQUE DURABLE ET LA NEUTRALITÉ CARBONE, 1990-2050 »

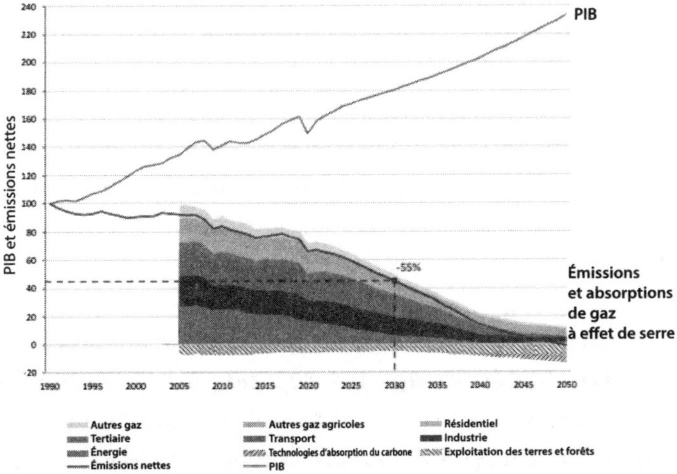

Source : Commission européenne.

Mais j'y vois un vrai leurre car, pour répondre efficacement à l'urgence écologique, le découplage doit répondre à plusieurs critères qui paraissent très improbables[56]. Tout d'abord, ce découplage devrait être absolu, c'est-à-dire que le PIB et les émissions de CO_2 devraient évoluer dans des sens clairement opposés, comme sur le graphique de la Commission européenne. Si le PIB augmente et que les émissions de CO_2 continuent d'augmenter un tout petit peu, on ne peut pas considérer que c'est du découplage, car ce dernier supposerait justement une baisse franche des émissions. Deuxièmement, le découplage devrait être total: il devrait prendre en compte les émissions de CO_2 dues aux importations puisqu'une partie importante de ce que nous consommons est produit à l'autre bout du monde. Troisièmement, ce découplage devrait être mondial car le CO_2 ne connaît pas de frontières. Enfin, ce découplage devrait être pérenne (s'observer sur plusieurs années voire plusieurs décennies) et rapide car, si nous n'agissons pas de manière urgente, les dommages environnementaux seront irréversibles.

Or, depuis que le PIB a été inventé, il n'a jamais été observé de découplage qui réponde à l'ensemble de ces critères. Certes, des découplages imparfaits ont déjà été observés, de manière conjoncturelle et sur des durées très limitées. Par exemple, entre 2015 et 2016, les émissions mondiales de gaz à effet de serre ont stagné en raison de deux événements: l'abandon par la Chine d'une partie de son charbon au profit du pétrole et du gaz et l'utilisation du gaz de schiste par les États-Unis, qui s'est en partie substitué à d'autres énergies fossiles plus émettrices[57]. Mais les émissions de CO_2 sont ensuite reparties à la hausse au niveau global!

Au-delà du caractère très improbable du découplage total, l'idée même du découplage a quelques limites de taille. La première est un problème d'indicateur: il ne prend en compte que les émissions de CO_2. Or, une baisse des émissions ne signifie pas qu'il n'y a aucun impact sur l'environnement. Typiquement, le passage de la voiture thermique à l'électrique est certes bénéfique en matière d'émissions de CO_2, mais les impacts sur les métaux rares ou la biodiversité restent importants. Les technologies *high-tech* sont en effet souvent présentées comme peu polluantes par les tenants de la croissance verte, mais c'est oublier les métaux que leur production requiert et l'effet rebond qui reste très important. De plus, la baisse des émissions que certains pays occidentaux assimilent à du découplage est – du moins en partie – le résultat d'un transfert des activités les plus polluantes vers les pays émergents ou en développement. Or, comme évoqué précédemment, la baisse des émissions doit être mondiale. Et puis, une autre limite vient de la croyance dans le recyclage qui permettrait, selon les tenants du découplage, de réutiliser à l'infini les matières premières dont se nourrit la croissance économique. Or c'est faux. Seulement 8,6 % de nos déchets sont réellement recyclés à l'échelle mondiale[58].

Bref, le mythe de la croissance verte nous fait perdre du temps en alimentant une économie qui ne fait qu'accentuer les pressions sur les limites physiques de la planète. Chaque point de PIB supplémentaire vient compliquer la tâche. Rappelons, Jean-Paul, qu'un taux de croissance de 3 % induit un doublement de l'économie tous les vingt-quatre ans ! C'est tout simplement contradictoire avec la nécessité de réduire nos émissions de gaz à effet de serre pour espérer respecter les objectifs de l'Accord de Paris. Et, de manière plus philosophique, à quoi bon doubler la taille de notre économie tous les vingt-quatre ans ? Le « plus » est-il forcément un « mieux » ? Croître infiniment n'a tout simplement pas de sens, c'est une absurdité. Et surtout, les limites terrestres ne nous le permettent pas.

Mais, attends, tu promeus la décroissance ? Pourtant, j'ai appris en cours que c'est l'augmentation du PIB qui finance l'État-providence. Du coup, si je comprends bien, si on arrête de croître, on ne pourra plus financer notre modèle social.

Leila, 17 ans, lycéenne en spécialité
« Sciences économiques et sociales »

Pour te répondre sur cette question un peu technique, je vais en grand partie m'appuyer sur les travaux de l'économiste Timothée Parrique dont j'ai récemment découvert la thèse intitulée *The Political Economy of Degrowth* qu'il a vulgarisée dans son livre *Ralentir ou périr. L'économie de la décroissance* que je pourrais d'ailleurs te prêter.

Déjà, pour commencer, d'où proviennent les recettes de l'État ? Le budget public dépend des taxes, dont une partie sur l'activité marchande*. Plus précisément, 45 % des recettes de l'État sont issues de la taxe sur la valeur ajoutée (TVA), 21 % proviennent des revenus, 16 % de l'impôt sur les sociétés, 4 % de la taxe intérieure de consommation sur les produits énergétiques, et le reste se répartit sur divers impôts (ex: fortune immobilière, héritage...). On peut alors légitimement

*. L'activité marchande correspond à l'ensemble des biens et services qui s'achètent et se vendent.

se dire que venir contracter l'économie marchande réduirait les recettes issues des taxes, donc le budget de l'État qui finance les dépenses publiques. Mais ce raisonnement a quelques limites...

Tout d'abord, cet argument considère que l'activité publique – perçue comme improductive – est financée uniquement grâce à des prélèvements sur l'activité privée. Or, c'est faux: les services publics sont eux aussi productifs. Et, tout comme les entreprises, l'État emprunte des fonds. **Les services publics sont des productions à part entière et leur financement ne repose pas uniquement sur l'activité privée.** De plus, le secteur public est souvent moins cher que son équivalent privé, en raison de l'absence d'actionnaires, publicitaires ou commerciaux à rémunérer.

Par ailleurs, il faut aussi se poser la question du gain net pour l'État suite à la production d'un bien ou d'un service. Par exemple, la vente de tabac rapporte des recettes à l'État grâce à la TVA, mais c'est aussi un coût important en matière de dépenses de sécurité sociale, car le tabac est responsable de nombreuses maladies, comme le cancer* dont les traitements sont très onéreux**. Les produits du tabac coûtent bien

*. Un cancer sur trois est dû au tabagisme (source: Santé publique France).

**. Une chimiothérapie par exemple coûte entre 5200 et 31200€ selon la molécule utilisée (source: Les Échos).

plus à la société qu'ils ne lui rapportent. En effet, les recettes fiscales du tabac représentent environ 16 milliards d'euros en 2020 pour des dépenses de santé directement liées au tabac qui s'élèvent à plus de 26 milliards d'euros chaque année. Pour combler ce coût social, un paquet de cigarettes devrait être vendu entre 40 et 50 €[59] ! Le même raisonnement pourrait être appliqué à bien d'autres secteurs (pesticides, voitures thermiques, produits très sucrés ou salés…). **La croissance a donc un coût social (et écologique) important au vu des externalités négatives de certains biens et services.**

Nos économies dites « développées » atteignent aujourd'hui un seuil : il ne suffit plus de croître pour augmenter le bien-être. Au-delà de ce seuil, la croissance fait miroiter une amélioration des conditions de vie, tout en encourageant la détérioration de ces dernières ! C'est comme si tu essayais de gonfler ton vélo avec une pompe, tout en continuant à percer des trous dans la chambre à air : c'est du palliatif, et cela ne réduit en rien les causes de la fuite d'air.

Comme l'explique l'économiste Éloi Laurent, dans les pays dits « riches » la « prospérité est maintenant menacée par les inégalités sociales et les crises écologiques[60] ». Pour vivre mieux, il ne suffit pas de produire plus – d'ailleurs, la France n'a jamais été aussi riche, alors que de grandes inégalités de revenu persistent[61]. Il faut avant tout mieux répartir la valeur ajoutée pour assurer une réduction des inégalités. Car on se rend compte aujourd'hui des limites de la théorie du ruissellement selon laquelle la fortune des plus aisés inonderait les classes inférieures. Autant de questions passionnantes et complexes que tu vas sûrement découvrir au programme de terminale cette année. Mais reste en alerte et tente de cultiver ton esprit critique car les SES ne sont pas des sciences exactes !

J'utilise, en opposition à la croissance, le terme de « décroissance » presque par provocation car c'est un mot qui fait réagir. **Mais la décroissance pose deux questions : la décroissance de quoi et la décroissance pour qui ?** Il ne s'agit pas de demander aux familles modestes de diminuer leur niveau de vie ni de fermer des entreprises spécialisées dans la rénovation thermique des bâtiments. Certains secteurs devront décroître pour respecter nos engagements climatiques, mais d'autres devront croître. Et certains individus devront réduire leur empreinte carbone pour que d'autres puissent avoir un niveau de vie décent. La décroissance implique de changer d'indicateur économique : l'augmentation du PIB ne peut plus être notre boussole. En revanche, la décroissance n'est pas une fin en soi. Elle peut être un chemin vers une société de postcroissance, qui rompra avec l'actuelle accélération et permettra, comme le propose le philosophe Hartmut Rosa, de vivre « en résonance » avec le monde en retissant les liens avec la nature et les autres.

On sera presque dix milliards d'humains à la fin du siècle ! Comment voulez-vous nourrir l'humanité sans polluer ? On n'a pas le choix que d'être productifs.

Michel, 67 ans, fonctionnaire à la retraite

Assurer une nourriture de qualité pour l'ensemble de la population mondiale, le tout sans détruire les écosystèmes naturels, c'est un énorme défi que tu pointes du doigt, Michel ! Et pourtant c'est possible. Les scientifiques partagent un même constat : **la Terre dispose d'assez de ressources pour nourrir l'humanité tout entière. Mais cela demande de modifier profondément nos systèmes de production et de consommation.**

Déjà, rappelons quelques chiffres. **Selon le Giec, le secteur agricole est responsable de près d'un quart des émissions mondiales de gaz à effet de serre**, notamment via les émissions de méthane issues des pets et des rots des ruminants, les émissions de protoxyde d'azote dues aux engrais et la déforestation par brûlis qui rejette beaucoup de CO_2. De plus, l'agriculture est le secteur qui consomme le plus d'eau et l'un de ses plus gros pollueurs, en raison des engrais et des pesticides utilisés (comme l'illustre le scandale des algues vertes dues aux élevages porcins en Bretagne). Le secteur alimentaire mondial doit être réformé de toute urgence pour lutter contre le changement climatique et préserver la biodiversité; c'est la Commission européenne et l'ONU qui le disent. Mais, concrètement, comment faire? Le sujet est très complexe mais je vais essayer de te donner quelques éléments de réponse.

Tout d'abord, je vais mettre les pieds dans le plat (sans mauvais jeu de mot) avec la question de la réduction de la quantité de viande. Ce sujet est particulièrement épineux en France. Tu as dû le voir dans les médias, les végétariens et végans sont régulièrement raillés et caricaturés, le steak français étant pour beaucoup un symbole de bonne santé et de réussite sociale. C'est difficile d'avoir un débat apaisé sur ce sujet, alors même qu'il est crucial pour aller vers une alimentation plus décarbonée. 80 % des terres agricoles sont en effet destinées aux cultures qui alimentent le bétail. Il faut 4 kg de protéines végétales pour produire 1 kg de protéines animales. Ainsi, qui dit manger de la viande dit déboiser pour planter du soja ou des céréales qui serviront à nourrir la plupart de nos bœufs et nos porcs. Nourrir l'humanité sans polluer nécessite donc dans un premier temps de réduire notre consommation de viande et d'en remplacer une partie par des protéines végétales, comme les légumineuses par exemple (haricots, pois, soja, fèves, lentilles...).

Autre axe pour nourrir l'humanité sans polluer: réduire le gaspillage. On considère en effet qu'un tiers de la production alimentaire est aujourd'hui perdue ou gaspillée[62]. Dans les pays dits «du Sud», la moitié des récoltes ne parviennent pas aux consommateurs en raison du manque d'infrastructures de transport et de réfrigération. Dans les pays occidentaux, 30 % du contenu des réfrigérateurs se retrouve jeté, sans même avoir été entamé[63]. Ce gaspillage est d'autant plus intolérable que la faim dans le monde a connu un rebond après 2020, après la pandémie de Covid-19 et la crise économique qui a suivi. On estime qu'entre 691 et 783 millions de personnes ont souffert de la faim en 2022[64]. La question de l'alimentation n'est donc pas un problème de quantité produite (nous produisons déjà largement suffisamment!) mais une question d'inégalité dans la répartition de ces denrées.

Plus largement, notre modèle qui utilise une quantité démesurée d'intrants chimiques ne pourra pas se maintenir sans créer de dommages supplémentaires sur notre santé et les écosystèmes. Pour éviter de transformer davantage de zones forestières en terres agricoles (notamment en Amazonie), il est crucial d'orienter nos modèles vers l'agroécologie qui fait déjà ses preuves. Les techniques agroécologiques permettent de réduire l'utilisation des intrants pour préserver les sols et l'eau. L'un des leviers consiste à réguler les ravageurs et les maladies en introduisant leurs prédateurs naturels (oiseaux, insectes, micro-organismes auxiliaires), ce qui permet d'accroître la biodiversité sur les parcelles. L'agroécologie diversifie aussi les cultures pour tirer profit de la complémentarité de ces dernières[65]. Par exemple, planter des lentilles entre les blés permet d'optimiser la surface cultivée. Les lentilles fixent l'azote (dont les blés ont besoin pour pousser) et les blés servent de tuteurs naturels aux lentilles. Comme l'explique l'agroécologue Marc Dufumier, il faut une agriculture qui fasse un usage intensif de ce dont nous avons à profusion : le soleil et le CO_2. Le couvert végétal doit être optimisé pour capter tous les rayons du soleil qui arrivent sur terre et absorber le CO_2 dont nous sommes loin de manquer. Concernant l'eau dont les ressources se tarissent, il est impératif de replanter des haies pour éviter le ruissellement des eaux et favoriser son infiltration dans le sol au niveau des racines dont le surplus ira dans les nappes phréatiques[66]. Une manière d'être sacrément productif !

Ce type de techniques agroécologiques permettra de ramener une vie microbienne dans les sols qui sont aujourd'hui détruits par l'agriculture intensive, le labourage profond et les produits agrochimiques. Les micro-organismes présents dans la terre agissent en véritables « décomposeurs » en transformant la matière organique en nutriments essentiels à la croissance des plantes. Savais-tu qu'il y a environ dix milliards de micro-organismes par gramme dans un sol vivant[67] ? Les sols constituent un véritable écosystème qui accueille 25 % de la diversité biologique mondiale[68] ! Et puis, ces micro-organismes permettent de retenir et de filtrer l'eau de pluie. Au-delà de tout cela, les micro-organismes du sol jouent un rôle essentiel dans le piégeage du CO_2 puisque les plantes absorbent le carbone via la photosynthèse. Quand la plante perd ses feuilles, ses fleurs, ses fruits ou qu'elle meurt, les micro-organismes recyclent ce carbone restitué sous forme de matière organique, ce qui enrichit le sol en CO_2 et autres éléments nutritifs qui viennent fertiliser le sol. Des sols vivants, en plus des bénéfices évidents sur la production alimentaire, permettent donc aussi de contribuer à la baisse des émissions de gaz à effet de serre. Prodigieux.

Mais alors, on a toutes les solutions en main, non? **On sait techniquement comment nourrir tous les humains en polluant moins. Ce sont maintenant les femmes et les hommes politiques qui doivent s'emparer du sujet.** Mais il ne faut pas se leurrer : l'agroécologie, respectueuse des écosystèmes, utilise des techniques plus artisanales que ladite agriculture « conventionnelle », ce qui est plus exigeant en travail. Pour nourrir sainement le monde entier tout en respectant la terre, il faudra donc mieux rémunérer nos agriculteurs. L'État et l'Union européenne ont tout leur rôle à jouer pour orienter l'agriculture vers des pratiques plus vertueuses grâce à des incitations économiques. Seules les politiques publiques permettront de rendre le secteur plus attractif et de rendre les produits sains et de qualité accessibles aux foyers les plus modestes.

4.
Les optimistes candides

Vous vous rappelez des immobilistes qui se persuadent que tout est perdu d'avance en matière d'action climatique ? Eh bien, les optimistes candides ont à peu près le raisonnement inverse. Ils se congratulent souvent des « efforts » réalisés pour réduire notre empreinte écologique. Et on aimerait sincèrement les croire ! Vraiment. Malheureusement, c'est rarement le cas quand on regarde par la lorgnette écologique.

Cette catégorie d'interlocuteurs a une foi profonde dans le progrès de l'humanité et dans toutes les petites solutions quotidiennes que chacune et chacun peut trouver à son échelle. Évidemment, les écogestes sont importants, mais ils sont loin d'être suffisants. Quelques ordres de grandeur peuvent s'avérer efficaces pour leur montrer qu'il nous faut redoubler d'ambition, pour agir à une échelle systémique (et pas seulement à un niveau individuel). Ce qui nécessite de politiser le débat, au sens noble du terme, pour aligner notre société sur une trajectoire réellement plus sobre. Là, alors, on pourra se féliciter et organiser une grande bamboche tous ensemble !

C'est super, les nouvelles générations sont vraiment très engagées pour le climat ! Les jeunes, vous allez y arriver !

Lydia, 27 ans, jeune cadre dans le secteur marketing

Ah… si seulement! J'aimerais aussi croire que les nouvelles générations, révoltées par le climat, vont peu à peu remplacer les «anciennes» qui, elles, auraient gloutonnement profité des dérives capitalistes de la société de consommation… Malheureusement, la réalité est bien moins manichéenne. Nos grands-parents ne prenaient jamais l'avion, ils n'avaient pas de smartphone et ne commandaient pas de burgers sur Uber Eats.

Et quand on invoque les jeunes, de qui parle-t-on exactement? Il y a tant de façons différentes de vivre sa «jeunesse», selon son milieu d'origine, la durée de ses études, son lieu de vie, ses fréquentations, la proximité à sa famille, les comptes suivis sur les réseaux sociaux… La jeunesse est bien loin d'être homogène!

Alors certes, de manière générale, les 15-25 ans se disent préoccupés par les sujets environnementaux[69]. 79 % déclarent y accorder une grande importance mais, malgré ce fort niveau de préoccupation, l'engagement concret des jeunes en faveur du climat reste très timide. Ils sont 14 % seulement à avoir déjà participé à une marche pour le climat, et 9 % à s'engager dans une association environnementale. Il y a donc une grande dissonance entre les convictions et les actes. Les jeunes prennent d'ailleurs davantage l'avion que la moyenne de la population française[70] et sont les plus grands consommateurs de viande en raison de l'achat fréquent de sandwichs et de plats préparés[71].

On ne peut pas fonder tous nos espoirs sur lesdits « jeunes ». J'y vois une manière de différer le problème à plus tard, comme si les solutions pour endiguer le dérèglement climatique pouvaient encore attendre. Comme si le changement climatique n'était pas encore perceptible. On évoque souvent l'échéance de 2050 comme *deadline* pour atteindre nos objectifs climatiques ; or les individus qui ont aujourd'hui 50 ans seront probablement encore de ce monde en 2050, et feront surtout partie des publics vulnérables ! Arrêtons donc d'invoquer les « générations futures » : il s'agit d'assurer un environnement vivable pour nous et nos descendants.

Par ailleurs, n'oublions pas que les « jeunes » ne sont actuellement pas (ou si peu) aux postes de pouvoir qui sont pourtant stratégiques pour faire bouger les lignes. Il est impératif que les responsables – politiques et économiques – prennent leurs responsabilités car la période actuelle est charnière et ce sont les jeunes d'aujourd'hui qui jugeront leurs actes demain. Les parents ont eux aussi une responsabilité magnifique et pleine d'espoir. Élever des enfants donne un pouvoir énorme : former des citoyens en devenir qui pourront plus tard incarner dans leurs actes les valeurs transmises par leurs parents, comme le respect du vivant et des limites planétaires pour préserver ce qu'ils auront appris à chérir. Comme le dit l'agronome sénégalais Baba Dioum : *« On protège ce que l'on aime. On aime ce que l'on comprend. On comprend ce qui nous a été enseigné. »*

Franchement, il faut arrêter d'être aussi alarmistes. On a déjà beaucoup décarboné et on suit une bonne trajectoire !

Ousmane, 35 ans, le copain de ta sœur,
cuisinier dans un petit resto

Ousmane, je crois que je vois ce à quoi tu fais référence quand tu dis que l'on a déjà décarboné. La France s'est en effet félicitée d'avoir diminué de 2,5 % ses émissions de gaz à effet de serre en 2022 par rapport à l'année précédente[72]. Alors chacun s'est fendu d'un petit *tweet* et d'une petite *story*. C'est en effet une bonne nouvelle. Qu'il faut (tu t'en doutes) nuancer.

Tout d'abord, cette réduction n'est pas à la hauteur des enjeux et des objectifs que la France s'est elle-même fixés. Dans son rapport annuel en 2022, le Haut Conseil pour le climat rappelle qu'il faut un « doublement du rythme annuel de baisse des émissions » pour atteindre nos objectifs d'ici 2030.

De plus, cette réduction en 2022 est en grande partie conjoncturelle, car liée à la crise énergétique due à la guerre en Ukraine, qui a engendré une forte hausse des prix du gaz et des produits pétroliers et donc une baisse de la consommation. Se sont ajoutés à cela un automne et un hiver particulièrement doux – le mois d'octobre ayant été le plus chaud enregistré jusque-là en France[73]. Ainsi, les émissions qui avaient stagné pendant les neuf premiers mois de l'année (– 0,3 %), ont fortement décru durant le dernier trimestre (– 8,33 % en moyenne sur la période octobre-décembre).

Sur un temps plus long, certes, les émissions territoriales* de la France ont diminué de 19,9 % entre 1990 et 2019, ce qui laisse penser que la France poursuit sa décarbonation. Divisées par le nombre de Français, en 2019 les émissions territoriales représentent ainsi 6,5 teqCO_2 par personne. **Mais cela ne prend pas en compte les importations de la France, alors que notre pays a beaucoup délocalisé sa production.** Une fois incluses dans le calcul, les importations font grimper l'empreinte carbone individuelle à près de 10 teqCO_2. Finalement, on voit plutôt une stagnation de l'empreinte carbone française depuis 1990[74]. Donc, malheureusement pas de quoi sauter de joie.

Enfin, la préservation de l'habitabilité de la planète n'est pas qu'une question technico-technique de diminution des émissions de gaz à effet de serre.

*. Les émissions territoriales correspondent aux gaz à effet de serre rejetés sur le territoire national. En sont donc exclues les importations.

Ce serait trop simple! La réalité est bien plus complexe. Défini en 2009 par les chercheurs du Stockholm Resilience Centre (Suède), le concept de «limites planétaires[75]» met en lumière neuf phénomènes qui mettent en péril la soutenabilité du système Terre. Le franchissement de ces «limites» dont fait partie le changement climatique nous conduit dans des zones d'incertitude qui mettent en péril l'habitabilité de la vie sur Terre en raison de phénomènes d'emballement irréversibles. En 2022, la perturbation du «cycle de l'eau douce» et «la pollution chimique» ont rejoint la triste liste des limites planétaires déjà dépassées, composée du changement climatique, de l'érosion de la biodiversité, du changement d'utilisation des sols (comme la déforestation, par exemple) et de la perturbation du cycle du phosphore et de l'azote. Il ne reste que trois limites planétaires non franchies: l'acidification des océans, la pollution atmosphérique et l'appauvrissement de l'ozone stratosphérique. Il ne s'agit donc pas simplement de «décarboner», comme on l'entend fréquemment. Il nous faut impérativement repenser de manière globale et systémique nos modes de consommation et de production pour en réduire les actuels effets dévastateurs, quels qu'ils soient.

FIGURE 5 : SCHÉMA DES NEUF LIMITES PLANÉTAIRES

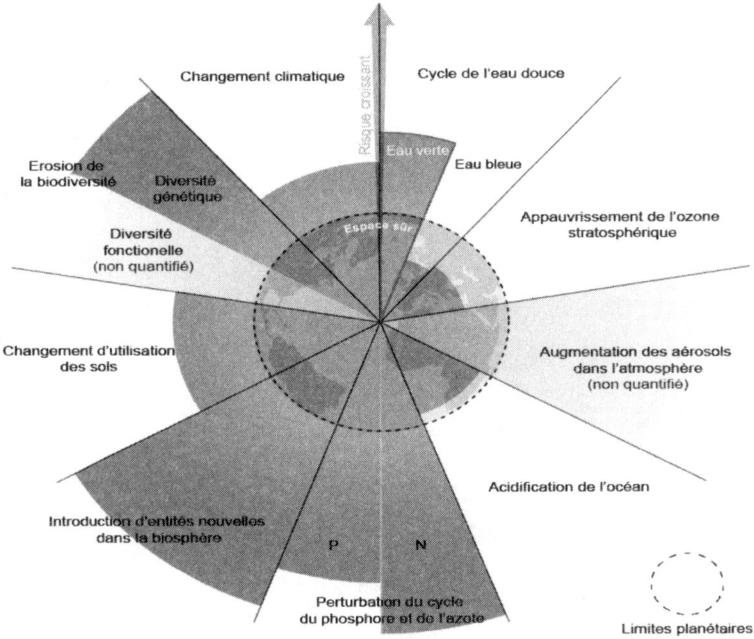

La limite planétaire concernant l'utilisation d'eau douce (eau verte) a été franchie. Elle rejoint les 5 autres déjà dépassées, dont la dernière avait été officiellement dépassée en janvier 2022.

Crédit : Wang-Erlandsson, *et al.* (2022), Stockholm Resilience Centre. Traduction Sydney Thomas pour @BonPote.

Le constat très alarmant du franchissement des limites planétaires ne doit en revanche surtout pas nous faire baisser les bras. Ousmane, gardons en tête qu'en 1987, le protocole de Montréal a permis l'interdiction des substances responsables du trou de la couche d'ozone*. Grâce à cette mesure radicale, la couche d'ozone devrait retrouver sa taille d'avant l'apparition du trou d'ici 2066. La preuve que des décisions internationales ambitieuses et drastiques peuvent porter leurs fruits[76] !

*. Comme, par exemple, les chlorofluorocarbures notamment utilisés comme réfrigérants.

Mais ma chérie, en compensant nos émissions, nous serons neutres en carbone d'ici 2050 !

Fanny, 50 ans, ta tata et responsable RSE
d'une grande boîte du secteur événementiel

Tata, qu'entends-tu par devenir « neutre en carbone » ? Que tout au long de toutes les chaînes de production, il n'y aura aucun impact sur l'environnement ? Aucun rejet polluant, aucun emballage, aucune nuisance ? Permets-moi d'en douter, car j'ai quand même l'intuition que rien n'est jamais totalement neutre. Quand je me déplace en vélo électrique – qui est pourtant un moyen de transport plutôt vertueux –, la batterie a bien dû être produite quelque part, notamment à base de lithium dont l'extraction n'est pas très propre. Quand je mange, les aliments ont bien été transportés, souvent en camion ou en avion. Quand j'allume mon ordinateur, j'utilise de l'énergie. Dès qu'on remonte un peu la chaîne de production, on se rend bien compte que cette présupposée neutralité est impossible.

Mais je vois à quoi tu fais allusion quand tu emploies l'expression « neutre en carbone ». Présentée dans la « Stratégie nationale bas-carbone[77] » suite à l'Accord de Paris, la neutralité carbone est l'objectif qui a été fixé d'ici 2050 : atteindre un équilibre entre les gaz à effet de serre émis et ceux qui sont captés par les puits de carbone (les forêts, les sols, l'eau...). C'est en quelque sorte la feuille de route de la France pour atténuer le changement climatique. Cette stratégie donne une première échéance : réduire sur le territoire français nos émissions de gaz à effet de serre de 40 % en 2030 par rapport à 1990. L'Union européenne a même fixé un objectif de – 55 % par rapport à 1990 pour ses États membres.

Malheureusement, aujourd'hui, nous sommes loin de la trajectoire bas-carbone que la France s'est pourtant engagée à emprunter. Pour atteindre cette fameuse neutralité carbone, il faudrait doubler notre rythme actuel de réduction des émissions, selon le Haut Conseil pour le climat.

La Stratégie nationale bas-carbone compte aussi sur les puits de carbone pour absorber nos émissions de CO_2, alors que leur capacité d'absorption se réduit. Si les zones forestières sont en expansion continue depuis un siècle, couvrant près d'un tiers du territoire français*, on constate une forte augmentation de la mortalité des arbres, soumis à de multiples pressions (sécheresse, incendies, canicules, attaques de parasites, maladies, etc.) qui enrayent leur capacité de captation carbone[78]. C'est un peu le serpent qui se mord la queue :

*. Notons toutefois des disparités régionales fortes, la Guyane constituant un tiers de la forêt française.

les forêts n'absorbent plus autant de CO_2, phénomène sur lequel nous comptons pourtant pour réduire nos émissions. Si bien que l'on craint même que les forêts finissent par rejeter plus de CO_2 qu'elles n'en captent, comme c'est déjà le cas dans les forêts des Hauts-de-France, du Grand Est et de la Corse devenues émettrices de CO_2[79].

En tant que responsable RSE, tu n'es pas non plus sans savoir qu'en France, estampiller un produit «neutre en carbone» a été encadré par la loi. Il est désormais interdit – depuis le 1er janvier 2023 – d'utiliser cette allégation sans apporter la preuve de compensation carbone. Cette proposition de loi était issue de la Convention citoyenne pour le climat qui avait d'ailleurs proposé une suppression simple de cette expression, sans conditions dérogatoires. Beaucoup d'entreprises utilisent donc encore la compensation carbone pour brandir l'étendard marketing de la neutralité. Si bien que des compagnies pétrolières comme Shell se targuent de viser l'objectif «zéro émission nette»! Un peu gonflé, non? Bien souvent, pour compenser les émissions liées à leur activité, les entreprises financent la plantation d'arbres à l'autre bout du monde, dont il est difficile d'évaluer la qualité et le suivi précis[80]. On considère qu'au-delà de planter des arbres (ce qui, quand la gestion est de qualité, peut avoir un rôle dans la lutte contre le changement climatique), préserver les forêts existantes demeure la meilleure solution pour maintenir l'absorption de CO_2[81].

Donc tata, pour éviter toute accusation de greenwashing, il semble préférable d'utiliser l'expression « bas-carbone », car être totalement neutre, c'est mission impossible. Mais, bonne nouvelle : pour compenser les émissions incompressibles, il existe des mécanismes de compensation carbone au niveau local qui permettent une excellente traçabilité des projets financés. Par exemple, le projet de Coopérative carbone[82] basé en Nouvelle-Aquitaine propose aux particuliers, entreprises et collectivités de contribuer financièrement à des projets locaux via l'achat de crédits carbone pour faire émerger ou pérenniser des projets vertueux*, de manière à lutter de façon transparente contre le dérèglement climatique. Par exemple, il est possible de contribuer à la plantation d'une forêt à Rioux (non loin de Bordeaux) via l'achat de crédit carbone. Donner 92€ à ce projet financera la plantation d'arbres, permettant d'absorber l'équivalent d'une tonne de CO_2. Tout simplement génial, non ?

*. Quelques exemples de projets qui peuvent être financés dans le cadre de la Coopérative carbone : plantations d'arbres dans le marais poitevin, reboisement pour accueillir la biodiversité à Périgny, soutien d'agriculteurs dans la Vienne qui souhaitent basculer en agriculture raisonnée…

Les espèces s'adapteront au changement climatique, comme elles l'ont toujours fait au cours de l'histoire. Ça s'appelle juste la sélection naturelle, c'est pas moi mais Darwin qui le dit !

Aïssa, 16 ans, lycéenne à Rodez en Aveyron

Tu parles au futur, mais on peut aussi en parler au présent : certaines espèces adoptent déjà des stratégies d'adaptation au dérèglement climatique. Avec l'augmentation des températures, le printemps arrive de manière précoce, ce qui chamboule les événements du cycle de la vie. Par exemple, pour s'ajuster aux nouvelles températures, les animaux avancent généralement leur période de reproduction[83]. La période de ponte des oiseaux arrive presque deux semaines plus tôt qu'il y a un siècle. En milieu aquatique, pour faire face à l'augmentation de la température de l'eau, on constate même que les poissons rapetissent, ce qui suit la loi de Bergmann selon laquelle les poissons ont tendance à être plus petits quand les températures sont chaudes[84]. Et, parmi les espèces qui s'adaptent, il y a aussi l'humain qui subit déjà les effets du changement climatique. Face à la montée des eaux dues à la fonte des glaciers, les villes côtières tentent déjà de trouver des solutions, comme la création de digues ou encore la plantation de mangroves perçue comme une solution douce face aux risques d'érosion aux Iles Kiribati[85].

Mais les bouleversements écologiques sont si intenses que le rythme d'adaptation des espèces ne suit pas la cadence. On vit aujourd'hui la sixième extinction de masse. Comme son nom l'indique, ce n'est pas la première crise que connaît la biodiversité depuis 250 millions d'années, mais l'extinction actuelle est singulière pour deux raisons.

Premièrement, cette extinction des êtres vivants est d'une rapidité jamais égalée: elle est cent à mille fois plus rapide que lors des crises passées. Les deux extinctions majeures de la biodiversité – il y a 252 millions d'années et il y a 45 millions d'années – s'étalaient sur plusieurs millions d'années alors que le déclin des espèces se compte aujourd'hui en dizaines d'années seulement! En quarante ans, le nombre d'oiseaux a décliné de 25 % en moyenne sur le continent européen[86]. En moins de cinquante ans, les populations de vertébrés (poissons, oiseaux, mammifères, amphibiens et reptiles) ont chuté de près de 70 % à l'échelle mondiale, selon le WWF.

Deuxièmement, cette sixième extinction de masse est inédite en raison de sa cause: Homo sapiens. Alors, évidemment, il ne s'agit pas de rayer de la carte cet être qui, depuis quelques centaines d'années, se comporte de manière peu sage, mais de constater que c'est la première fois qu'une extinction de la biodiversité est générée par une espèce qui la compose. Toutes les causes du déclin de la biodiversité sont en effet dues à l'humain. Parmi ces causes, on compte en premier lieu le changement d'usage des sols (déforestation, bétonisation...) dû à l'urbanisation et à l'agriculture intensive, ce qui entraîne la destruction et la fragmentation des habitats naturels. Viennent ensuite la surexploitation des espèces (surpêche, déforestation, braconnage d'espèces menacées...), la pollution (chimique, lumineuse, sonore...), les espèces exotiques envahissantes (le frelon asiatique, le ragondin...) et le changement climatique. Si aujourd'hui le changement climatique ne constitue pas la première cause de disparition des espèces vivantes, il pourra le devenir si nous ne parvenons pas à limiter le réchauffement à 1,5 °C au cours des prochaines décennies[87]. Tu vois donc que la théorie de l'évolution de Charles Darwin est très éloignée de ce que l'on connaît aujourd'hui puisque le rythme d'adaptation des espèces est insoutenable. Et surtout les humains constituent un sacré élément perturbateur dans l'adaptation des espèces !

Mais alors, quel impact a l'effondrement de la biodiversité sur les humains? Eh bien, l'extinction de la biodiversité nous impacte directement puisque nous faisons intégralement partie du vivant. Nous sommes littéralement dépendants des écosystèmes pour respirer, nous nourrir, nous habiller, nous chauffer… Les écosystèmes reposent sur un savant équilibre (oui, la nature est bien faite!) et nous sommes en train de le bouleverser. Prenons l'exemple des pollinisateurs : sans eux, on ne pourrait plus manger de fruits puisque ce sont eux qui viennent butiner les fleurs pour les féconder. Le déclin de la biodiversité est révélateur de la complexité des enjeux écologiques : il ne suffit pas de jouer sur un seul paramètre pour régler le problème global. Puisque le problème est complexe, il nous faut penser en mode « écosystème », c'est-à-dire prendre en compte les interactions, les relations, les liens de cause à effet.

Tout en atténuant les impacts négatifs qui pèsent sur la biodiversité, il est aussi nécessaire de récréer des conditions favorables à sa survie. Pour cela, plantons massivement des végétaux adaptés au territoire local. À la campagne, recréons par exemple des haies entre les parcelles cultivées pour offrir le gîte et le couvert à la petite faune. Les haies permettront aussi de lutter contre les vents et de limiter l'érosion des sols. En ville, supprimons le béton. Recréons des corridors écologiques pour permettre aux animaux de se déplacer.

Plus nous planterons, plus nous offririons d'habitats pour que le vivant s'y développe. La biodiversité peut être incroyablement résiliente et, si nous lui laissons la place, nous serons sans doute étonnés de voir à quel point elle revient vite. Comme quand on découvre, émerveillés, une petite pousse qui a décidé de prendre racine dans une fissure de béton. D'ailleurs, à ton échelle, tu peux aussi proposer des projets pour végétaliser la cour de ton lycée. Place à la *green guerrilla*!

Tu as vu, je me suis mis au tri !

Ton oncle Pierre-Philippe, 47 ans,
pharmacien, trop fier de lui

Eh beh, c'est pas trop tôt, Pierre-Philippe, c'est obligatoire depuis 1992 ! Mais, tu me diras, mieux vaut tard que jamais, et au fond je suis fière de toi que tu respectes aussi bien les consignes du tri sélectif. Lutter contre la pollution des emballages, c'est très important pour éviter que ces détritus ne se retrouvent dans la nature et notamment dans les océans. Tu as sûrement dû voir à la télévision un de ces reportages sur le continent de plastique situé dans le Pacifique Nord. On devrait d'ailleurs plutôt appeler ça une soupe de plastique, tant ces microparticules se disséminent partout, jusqu'à créer une nouvelle forme de roche joliment renommée « plasticroute » et qui représente une nouvelle menace pour les écosystèmes. C'est tout simplement terrifiant, et on se rend compte que les microplastiques se retrouvent tout au long de la chaîne alimentaire… jusqu'à nous. J'ai même lu que l'on ingère chaque semaine jusqu'à cinq grammes de plastique, soit l'équivalent d'une carte de crédit[88] !

Alors, oui, trier ses déchets c'est une bonne chose, mais tu commences à me connaître, et je vois quelques ombres au tableau car leur recyclage n'est pas garanti. Seul 30 % du plastique en Europe est effectivement recyclé[89], le reste – en raison de la mauvaise qualité du matériau ou d'alliages avec d'autres composants rendant le recyclage compliqué – est tout simplement brulé ou envoyé au bout du monde. Certains pays, comme la Chine ou la Malaisie, étaient tellement débordés par l'afflux de cargos remplis de plastiques occidentaux qu'ils ont dû interdire ce type d'importations, leurs infrastructures ne permettant pas de tout absorber. C'est tout de même révoltant que certains pays deviennent les poubelles du monde riche. Donc tu me vois venir : **mieux vaut éviter les déchets à la source plutôt que compter sur le recyclage**. Pour éviter les produits suremballés, on peut par exemple acheter en vrac ou privilégier des produits consignés. Si certaines boutiques spécialisées restent assez coûteuses, la grande distribution se met de plus en plus au vrac. Et puis, toi qui adores cuisiner, tu sais qu'il n'y a rien de tel que le marché pour trouver des produits de bonne qualité, et sans emballage. Il suffit d'être muni de son kit magique : un cabas, des sacs à vrac et quelques contenants pour les produits frais. Il existe aussi les Amap (Associations pour le maintien d'une agriculture paysanne) qui mettent en relation des agriculteurs locaux et des citoyens, le tout garanti zéro déchet (ou presque) !

Une fois qu'on a réduit drastiquement nos déchets, très bien, c'est super. Mais le chantier ne s'arrête pas là car l'impact climatique des déchets en France est estimé à environ 4 % des émissions de gaz à effet de serre[90]. Il reste donc 96 % auxquels il faut aussi s'attaquer. Pour atténuer l'emballement climatique, deux gestes principaux permettent, à l'échelle individuelle, de baisser fortement notre empreinte carbone: réduire sa consommation de viande (en particulier la viande rouge) et réduire drastiquement (voire arrêter) de prendre l'avion.

Comme pour toute «problématique», il est conseillé de faire un diagnostic pour ensuite agir sur les bons leviers. **Sur la question de l'impact écologique individuel, je te conseille de commencer par simuler ta propre empreinte carbone** grâce à un simulateur en ligne (par exemple, «Nos Gestes Climat» développé par l'Agence de la transition écologique). Sachant que la moyenne française est à 10 teqCO_2 par an et qu'il faudrait atteindre 2 teqCO_2 d'ici 2050 pour respecter les Accords de Paris. En fonction de ta consommation, tu verras alors sur quoi agir en priorité pour avoir un impact plus positif: transports, alimentation, consommation de biens et services, logement…

Mais tu verras aussi que les services publics comptent pour environ 1,5 teqCO_2 dans ton empreinte carbone, ce qui est loin d'être négligeable. **Tout ça veut dire une chose : les services publics doivent aussi absolument se décarboner**. Et, chose importante : leur effet ricochet est crucial, puisque les actions du service public jouent comme autant de leviers auprès des citoyens (l'aménagement de pistes cyclables par exemple incite à faire du vélo) !

Tu te gâches la vie à mettre autant d'énergie dans ton combat pour le climat. Essaie de voir la vie du bon côté car tu deviens écoanxieuse...

Christian, 58 ans, ton père gendarme
qui s'inquiète sincèrement

Ah, mais tout à fait, je suis carrément éco-anxieuse. En revanche, je suis également éco-triste, éco-en-colère et éco-active ! Plutôt que d'écoanxiété, je préfère d'ailleurs parler d'écolucidité car j'estime regarder les problèmes en face. Je refuse le déni et je me confronte aux faits scientifiques qui, certes, ne sont pas joyeux. Ce ne sont pas tant les problèmes écologiques qui me rendent anxieuse que l'inaction des gouvernements et de quelques grosses entreprises qui sacrifient l'habitabilité du monde sur l'autel du profit. Cette lucidité, c'est aussi la croyance profonde que nous avons une responsabilité pour réorienter la trajectoire que notre espèce est en train d'emprunter. Ce n'est pas la croyance naïve que nous pouvons tout changer d'un coup mais l'idée qu'il faut absolument dépasser les freins qui existent.

En ce moment, les médias utilisent beaucoup le terme d'écoanxiété. Jusqu'à invisibiliser toutes les autres émotions qui nous assaillent : la colère contre le cynisme des dirigeants, la tristesse de voir le monde de plus en plus amputé de la beauté de la nature. Cette tristesse, Baptiste Morizot l'appelle la « solastalgie » qu'il définit comme le « mal du pays sans exil ». Comme une forme de nostalgie profonde d'une terre qui fut, jadis, plus vivante. **Ressentir ces émotions est sain et rationnel.** Comment ne pas avoir peur, ne pas être en colère, ne pas être anxieux quand notre course effrénée à la croissance nous fait foncer droit dans le mur ? Pourquoi préférons-nous attendre le freinage brutal qui fera assurément des dégâts ? Pourquoi les dirigeants raillent-ils Greta Thunberg quand elle leur dit au Forum économique mondial, *I want you to panic* ? Pourquoi les dirigeants se comportent-ils de manière aussi irrationnelle ? Pourquoi n'ont-ils pas peur, pourquoi ne paniquent-ils pas ? Si un train fonçait sur eux à toute vitesse, c'est bien la peur qui les sauverait en les faisant sauter sur le côté pour éviter le choc. Il y a deux types de peurs : celle qui paralyse, et celle qui met en mouvement. Choisissons la seconde.

Par ailleurs, le terme « d'écoanxiété » est souvent employé comme s'il s'agissait d'une pathologie individuelle que nous pourrions régler personnellement. On culpabilise l'individu qui, pourtant, ressent une peur légitime. Or, ce ne sont pas les individus qui sont malades, mais bien le système et les puissants qui s'accrochent au statu quo, par crainte de perdre leurs privilèges. Au point d'embarquer dans leur folie le reste des vivants qui subiront en première ligne les conséquences de leur inconscience. L'écoanxiété est aujourd'hui renvoyée à une pathologie personnelle, qu'il faudrait soigner à coups de séances de développement personnel ou de déconnexion médiatique pour se réconcilier avec le monde et vivre plus sereinement[91]. Autrement dit, au lieu d'inviter les individus à s'organiser en collectif pour combattre la racine du problème, on les enjoint à se recentrer sur eux-mêmes. On dépolitise la question pour que chacun accepte la situation. Car le dogme néolibéral n'a pas intérêt à ce que ses opposants s'organisent. Il faudrait, sans rechigner, qu'ils s'adaptent individuellement à ce monde qui se délite.

Mais ne t'inquiète pas papa, je ne me gâche pas la vie avec ce combat. Parfois c'est dur, je ne te le cache pas, car on se rend compte que les choses ne bougent pas assez vite. Mais **ce combat donne aussi un cap à ma vie, il donne du sens à mon existence** (qui pour autant ne dépend pas que de cela, j'ai d'autres sources de joie !). L'écolucidité fonctionne un peu comme les cinq étapes du deuil. D'abord, c'est le déni. Puis vient la colère. On essaie alors de marchander, de négocier avec la situation. Puis arrive une phase de déprime face à l'ampleur de la tâche. Et enfin, on accepte cet état de fait. Là, alors, on peut agir. Tout en restant sur ses gardes, car des épisodes de dépression peuvent survenir et je compte sur toi pour m'aider si un jour je broie trop de noir ! Mais pour l'instant, ça va. Je réussis à m'ancrer dans le présent et je ne rumine pas constamment les sombres projections du futur. Justement, l'action me permet de sortir de l'angoisse. Mon engagement est source de beaucoup de joie car je fais des rencontres, je me nourris des autres. Cela fait du bien de sentir que d'autres personnes partagent les mêmes combats. À l'inverse de la tristesse qui « diminue la puissance d'agir », la joie est un moteur solide d'action collective. Comme le dit Spinoza, il faut «favoriser les joies qui émancipent, au détriment des tristesses qui rendent impuissants ».

5.
Les technosolutionnistes

Depuis au moins le siècle des Lumières, on considère – du moins en Occident – que le progrès est le moteur de l'humanité. Que ce sont les innovations, le plus souvent technologiques, qui alimentent ce progrès, jusqu'à faire de nous des surhumains. Nous avons considérablement allongé notre durée de vie, nous vivons avec un confort jamais égalé, nous sommes allés sur la Lune, nous avons inventé des machines toujours plus puissantes, nous avons désormais un outil fabuleux qui permet de trouver n'importe quelle information sur n'importe quel sujet. Bref, nous avons repoussé les limites terrestres et avons surpassé nos barrières cognitives, physiques, biologiques… mais nous sommes en train de nous brûler les ailes.

Alors oui, pour tout un tas de raisons énoncées précédemment, le progrès est une valeur positive, une ambition à poursuivre pour continuer d'améliorer le confort de vie des êtres humains. Mais ce progrès ne doit ni se développer au détriment de la vie sur Terre, ni reposer sur le creusement des inégalités entre humains. Fondé sur l'exploitation des ressources naturelles, le « progrès » est actuellement confronté à leur épuisement. On ne peut pas croître indéfiniment dans un monde aux ressources finies. C'est physique, et on ne peut pas négocier avec les lois physiques.

Malgré ce constat scientifique, les technosolutionnistes sont persuadés que nous pouvons compter (quasi exclusivement) sur les innovations technologiques pour sortir de la crise écologique. Or, les technologies dites *high-tech*, et produites de façon exponentielle, sont particulièrement gourmandes en ressources.

La vision du progrès humain défendue par les technosolutionnistes est fortement inspirée par les récits de science-fiction, perpétuant le mythe que l'innovation nous sortira de cette impasse, faisant fi des limites de la planète Terre. Les technosolutionnistes constituent de dangereux utopistes. Aujourd'hui, notre maison brûle, et nous savons exactement comment éteindre ce feu menaçant. Mais les technosolutionnistes sont des pompiers pyromanes. Ils tentent d'éteindre le feu de la main droite tout en y ajoutant des bûches de la main gauche.

Comme le dit l'auteur Pablo Servigne : « L'utopie a changé de camp : est aujourd'hui utopiste celui qui croit que tout peut continuer comme avant. »

Le sens de l'Histoire, c'est le progrès. C'est l'innovation ! On ne va quand même pas retourner à l'Âge de pierre et s'éclairer à la lampe à huile !

Carlos, 24 ans, ton cousin diplômé
d'une école de commerce spécialité
« Management de l'innovation »

Merci cousin de mettre le sujet sur la table, car la question du progrès est un sujet central dans mes réflexions écologiques ! C'est un débat philosophique dont on pourrait parler pendant des heures…

Bon, premièrement, qu'entend-on par « progrès » ? Tu me diras si tu as la même définition, mais pour moi, le terme de « progrès » renvoie à une avancée positive vers un horizon meilleur. Et ce progrès n'est pas uniquement technologique. Les innovations peuvent être sociales, organisationnelles, médicales, etc. En tous cas, il me paraît important de ne pas réduire le progrès aux seules innovations techniques.

Inversement, **les évolutions technologiques ne sont pas toujours synonymes de progrès.** Par exemple, le développement de la bombe atomique est certes une innovation majeure qui marqua un tournant dans l'histoire, mais peut-on vraiment parler de progrès quand une invention détient le pouvoir de tuer d'un coup 200 000 personnes ? Et, quand un nouveau frigo connecté est capable de me dire en temps réel le nombre de petits suisses restants, peut-on honnêtement parler de progrès pour l'humanité ? Je ne suis pas certaine que toute avancée technologique soit forcément un progrès en soi.

Alors que le nombre d'objets connectés ne cesse de progresser (on en compte en France près de 244 millions[92]), on constate que le temps passé devant les écrans chez les jeunes enfants a augmenté ces dernières années, dépassant les recommandations sanitaires[93]. De nombreux effets délétères sont observés, avec notamment un risque accru de surpoids, des difficultés dans l'apprentissage du langage et des retards de développement cognitif[94]. Une innovation peut ainsi être perçue différemment selon le critère de jugement. Du point de vue de la prouesse technologique, on peut applaudir certaines innovations, mais d'un point de vue social ou médical trouver ses conséquences problématiques. Loin de moi l'idée de nous couper totalement des écrans, mais je souhaite simplement te montrer qu'**il faut questionner la pertinence de certaines technologies en fonction des usages.**

Le progrès n'est d'ailleurs pas un processus linéaire et irréversible. Sommes-nous contraints de développer la 5G, comme si c'était la suite logique et inéluctable après la 3G et la 4G? Et après la 5G, devrons-nous impérativement passer à la 6G puis la 7G? Pour quels usages? Pour quels bénéfices additionnels? Il est nécessaire de se poser ces questions pour ne pas foncer tête baissée et obéir aveuglément à des logiques purement économiques.

Toute nouvelle technologie devrait partir d'une analyse du besoin rapportée au coût environnemental. Or, bien souvent aujourd'hui, on constate plutôt l'inverse: c'est la mise sur le marché d'un nouveau produit qui crée le besoin, et nous sommes contraints de développer d'autres technologies pour réparer le tort causé par le déploiement des nouveaux produits dont nous n'avions en réalité pas nécessairement besoin... Le recyclage du plastique à usage unique est un excellent exemple: on crée des emballages dont on pourrait se passer qui polluent nos océans, mais on crée en parallèle des usines de recyclage. Dit autrement par Edgar Morin: «Nos déferlements technologiques perturbent non seulement les cycles biologiques, mais les boucles chimiques primaires. En réponse, on développe des technologies de contrôle des effets de ces maux tout en en développant les causes[95].» C'est comme si notre baignoire débordait, mais qu'au lieu de couper le robinet on développait une super-technologie consistant à écoper avec une cuillère dernière génération.

Aujourd'hui, dans son acception la plus étriquée, le sacro-saint « progrès », qu'il est difficile de remettre en question sous peine de se faire taxer d'Amish, sert de justification à un système capitaliste fondé sur la prédation des ressources naturelles. Or, les limites planétaires ne nous laissent pas le choix. Il est urgent de mettre fin à un système productiviste qui est pourtant le moteur de l'innovation technologique.

Mais, rassure-toi, l'écologie est loin d'être l'ennemie de l'innovation ; au contraire elle la stimule. La transition écologique est parfaitement compatible avec l'accélération de l'innovation. Tout dépend simplement laquelle. On constate même que performances environnementales et compétitivité semblent être corrélées puisque, comme l'explique l'économiste Éloi Laurent, « les économies les plus régulées en matière environnementale sont parmi les plus dynamiques du point de vue de l'innovation, notamment la Finlande, la Suède et les Pays-Bas[96] ». La contrainte environnementale peut devenir un levier de créativité puisque les enjeux écologiques nous incitent à redoubler d'inventivité !

Nous avons besoin des avions pour maintenir les échanges, que cela soit entre nos régions, en France, ou même à l'échelle européenne [...]. C'est une question de conception de la société, mais nous devons le faire avec la volonté d'avoir des avions plus vertueux. Je crois beaucoup en l'avion vert.

Carole Delga, 52 ans, présidente de la région Occitanie, 1er juin 2022, Toulouse

Madame la Présidente,

Je me permets de vous partager par la présente lettre mon sentiment d'incrédulité quant à votre annonce prononcée le 1er juin 2022, promettant un plan d'investissement massif pour l'aviation dite «verte». J'ai peine à comprendre ce qualificatif. L'aviation civile contribue à hauteur de 5,9 % au réchauffement climatique mondial*. Aujourd'hui, faire un aller-retour Paris-New-York émet environ 2 $teqCO_2$[97], soit l'empreinte carbone individuelle annuelle à ne pas dépasser pour respecter nos engagements climatiques et limiter le réchauffement à 2 °C. On voit bien avec ces quelques chiffres que prendre l'avion est tout simplement incompatible avec un mode de vie respectueux des limites planétaires.

Je vous vois venir: si aujourd'hui l'avion n'est pas sobre, il le sera demain. Et je sais que votre position

*. On prend ici en compte à la fois le CO_2 rejeté par l'aviation (qui correspond à environ 3 % des émissions mondiales) et l'impact de la condensation (les fameuses «trainées blanches») qui ont pour conséquence de renforcer l'effet de serre.

n'est pas aisée dans une région où l'emploi est très lié à l'aviation. J'aimerais croire que l'aviation se décarbone et parcourir le monde sans remords. Je rêve d'ailleurs de visiter l'Amérique latine et l'Afrique des Grands Lacs. Pourtant, je n'ai trouvé aucune étude scientifique sérieuse qui annonçait dans un futur proche le déploiement d'un avion écologique. Une étude du Shift Project* tranche d'ailleurs sans appel: «**Aucune trajectoire réaliste ne peut conduire à l'objectif sans réduire la croissance du trafic[98].**» Ainsi, s'il est tout de même nécessaire de continuer à expérimenter pour trouver des alternatives au kérosène (pour les vols qui ne pourront pas être supprimés), la décarbonation du secteur de l'aviation doit avant tout reposer sur une réduction drastique du trafic aérien.

Par ailleurs, vous promettez le déploiement de l'avion à hydrogène, mais à quelle échéance? Sur le plateau de BFM Business, Augustin de Romanet, PDG d'Aéroports de Paris, a lui-même invité les Français à recourir à l'avion avec modération «avant que nous ayons – ce qui sera le cas dans trente ans – des avions propulsés soit à l'électricité, soit à l'hydrogène, soit avec des carburants durables faits à partir d'électricité

*. Cette étude se fonde sur les travaux du Giec et les budgets carbone que le secteur aérien pourrait consommer au prorata de sa consommation actuelle.

verte[99] ». L'échéance de vingt ou trente ans me paraît donc bien lointaine face à l'urgence de la situation climatique.

J'entends – en outre – votre souhait de maintenir les échanges et je vous rejoins, c'est essentiel, notamment en matière de diplomatie étrangère. Mais les vols touristiques devront fortement décroître ; il s'agit à la fois d'une question de maintien de la vie sur Terre et de justice sociale. **Prendre l'avion est objectivement un loisir de riches.** 80 % de la population mondiale n'a jamais utilisé ce mode de transport[100]. Et 1 % des Terriens sont responsables à eux seuls de la moitié des émissions liées au secteur aérien[101].

Pour parvenir à véritablement décarboner le secteur de l'aviation, les pistes sont nombreuses. Par exemple, supprimer les vols dont le même trajet est réalisable en train en moins de 4 h 30*, limiter l'aviation d'affaires ou encore mettre fin au système de *miles*** qui envoie un

*. La loi supprime les vols pour lesquels des alternatives en train existent en moins de 2 h 30, mais au vu du nombre de critères imposés par le décret d'application du 22 mai 2023, cela ne représente qu'une infirme partie du trafic aérien (3 lignes seulement – entre Paris-Orly et Nantes, Bordeaux et Lyon – sur la centaine de liaisons intérieures existantes).

**. Dans le secteur du transport aérien, les *miles* sont un système de fidélisation des clients, permettant de cumuler des points pour obtenir des réductions et avantages sur des vols.

signal contradictoire. Ces propositions faisaient d'ailleurs partie des solutions de la Convention citoyenne pour le climat, mais elles n'ont pas été retenues dans la loi climat et résilience. Par ailleurs, pour continuer à voyager sans compromettre la vie sur Terre, comme le propose l'ingénieur Jean-Marc Jancovici, un système de quotas pourrait être mis en place pour réguler le trafic aérien non plus par les prix mais par la quantité, dans une logique de justice sociale.

Je me doute bien des raisons politiques (et régionales) qui vous poussent à tenir ce discours mais, chère Madame, nous avons la chance d'habiter un continent aux paysages extrêmement variés ; ainsi nul besoin de parcourir le monde pour être dépaysé. Des trains de nuit sont d'ailleurs remis progressivement en circulation, permettant par exemple de s'endormir à Paris et de se réveiller à Vienne, transformant le trajet en voyage ! Et, j'en conviens, pour prendre le temps de voyager sur le temps long sans compromettre la vie sur Terre, c'est toute une organisation sociale à revoir pour décélérer et un nouveau projet de société à dessiner.

Non mais je t'explique, en fait, les innovations actuelles sont bien plus efficaces, ce qui permet de réduire notre consommation d'énergie par rapport aux anciennes technologies.

Mehdi, 32 ans, ton pote
de pote mécano (très sûr de lui)

OK, j'entends bien tes arguments et, en effet, une technologie qui en remplace une nouvelle est souvent plus efficace énergétiquement. Par exemple, à taille équivalente, les voitures les plus neuves consomment moins que les plus anciennes, là-dessus on est bien d'accord. Pourtant, on observe étonnamment un accroissement global de la quantité d'énergie utilisée dans le monde et une augmentation considérable des émissions de gaz à effet de serre depuis la révolution industrielle, malgré l'avènement de technologies dites « plus propres » que les précédentes. Y'a comme un hic, non ?

C'est ce qu'on appelle communément l'effet rebond (ou le « paradoxe de Jevons »). *Grosso modo*, les nouvelles techniques utilisent les ressources de manière plus efficace que les anciennes, mais l'intensification de leur usage dépasse le gain lié à leur efficacité. On constate alors une augmentation globale de la consommation d'énergie. Reprenons l'exemple de la voiture : certes, chaque voiture est moins énergivore mais le parc automobile grossit, donc au global l'énergie consommée augmente. Idem pour l'aviation: les nouvelles générations d'avions ont permis de diviser par plus de deux la consommation ramenée au kilomètre par passager entre 1990 et 2018, mais le trafic a été multiplié par 4,6 sur la même période. Ce qui annule les gains d'efficacité puisque les émissions totales ont plus que doublé[102] ! Les craintes quant à l'arrivée de la 5G reposent sur le même mécanisme. Pour que la 5G soit véritablement plus sobre, les gains énergétiques devront être supérieurs à la hausse du trafic de données, ce qui est difficilement imaginable. Et puis il y a des effets indirects puisque la plupart des téléphones sont incompatibles avec la 5G, ce qui nécessitera de changer de téléphone[103]. Alors même que les trois quarts de l'empreinte carbone du numérique en France sont liés à la phase de fabrication des outils numériques[104]. De plus, les fameux gains d'efficacité que tu évoques sont à relativiser, puisqu'on observe depuis plusieurs décennies une stagnation des gains de productivité[105] (et donc d'efficacité dans l'utilisation des ressources naturelles).

Enfin – et c'est bien là que le bât blesse – on imagine toujours qu'une nouvelle technologie ou une découverte va venir remplacer les précédentes. Mais la réalité est tout autre: on accumule et on ne substitue pas (ou très peu). L'exemple de l'énergie est très parlant. La découverte de nouvelles énergies ne nous a pas fait abandonner les anciennes. Au niveau global, le pétrole n'a pas remplacé le charbon, tout comme le pétrole n'a pas été remplacé par le gaz ou le nucléaire. Toutes ces sources d'énergie se sont additionnées (et non substituées) les unes aux autres. D'ailleurs, on parle souvent du XIXe siècle comme étant le siècle du charbon, mais c'est au XXe siècle que la combustion de charbon a été la plus importante (en plus du pétrole et du gaz).

FIGURE 6 : ACCUMULATION DES ÉNERGIES DEPUIS 1850

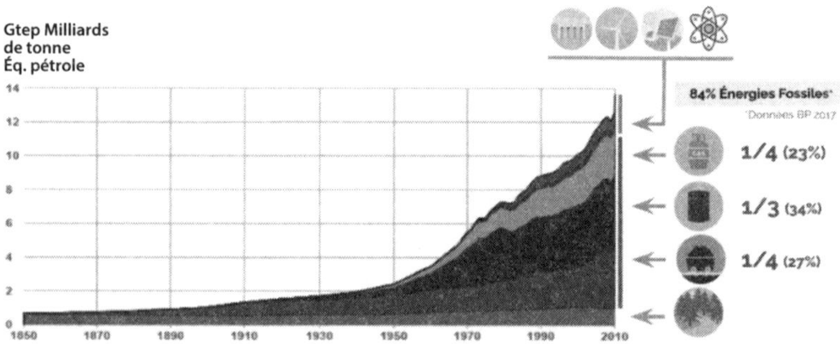

Évolution de la consommation de l'énergie primaire dans le monde (Gtep)

Sources : Avenir Climatique : Vaclav Smil (2017), Energy Transitions: Global and National Perspectives & BP Statistical Review of Worl Energy: 2017.

Bref, pour ne pas accentuer le problème du dérèglement climatique, il est crucial de se poser la question du coût/bénéfice de nouvelles technologies « miraculeuses » qui sont souvent très consommatrices de ressources. Et prendre en compte tout le cycle de vie et les effets indirects engendrés.

Toutefois, toutes les innovations ne doivent pas être balayées d'un revers de main. Certaines innovations *high-tech* permettent un réel gain, comme par exemple les thermostats intelligents qui régulent automatiquement la température. D'autres innovations peuvent aussi relever de ce qu'on appelle le *low-tech*, que son théoricien Philippe Bihouix définit comme « *une démarche qui consiste à privilégier, à chaque fois que possible, des techniques sobres et résilientes* ». Selon lui, il est primordial de réinterroger nos besoins et de faire preuve de « *techno-discernement* » en utilisant les technologies à bon escient[106]. Typiquement, a-t-on vraiment besoin d'acheter un couteau électrique quand son équivalent manuel coupe déjà parfaitement ? Pour trouver toute une ribambelle de gadgets inutiles dits « innovants », jette un œil au *Consumer Electronics Show* de Las Vegas, on y trouve pas mal de pépites…

Tu sais, je crois profondément dans la technologie pour lutter contre la crise écologique. Gardons espoir, les ingénieurs trouveront des solutions. Regarde les progrès incroyables que l'on a pu faire en médecine grâce à la technologie !

Rose, 72 ans, ta voisine ancienne infirmière

On a souvent l'impression que les technologies sont propres et sans effet sur les écosystèmes. Comme si elles n'étaient fabriquées à partir de rien. C'est sûrement dû à l'aspect particulièrement design, lustré et ergonomique des outils numériques. Quoi de plus épuré, de plus lisse et harmonieux qu'un MacBook ? Et pourtant. On focalise souvent notre esprit sur l'utilisation des technologies sans penser aux phases de fabrication et de fin de vie. L'exemple de la voiture électrique est très parlant : si on ne prend en compte que les émissions de CO_2 liées à l'utilisation de la voiture, alors elles sont très faibles. Mais si on regarde du côté de la production de cette voiture, on se rend compte que l'impact carbone demeure élevé, en raison de l'extraction de ressources.

Les technologies ont une réalité matérielle puisque leur fabrication nécessite de puiser des matières premières dans la croûte terrestre, ce qui limite leur pertinence pour résoudre les problèmes environnementaux. Les inventions *high-tech* nécessitent des ressources colossales en métaux. Pour te donner quelques exemples, produire un ordinateur de 2 kg requiert d'extraire 600 kg de matières premières. Autre exemple : pour électrifier les voitures, il nous faut environ 90 kg de cuivre par véhicule, soit quatre fois plus que pour son homologue thermique – sans compter les infrastructures de recharge qui en sont aussi très gourmandes[107]. Or, la transition énergétique basée sur des sources d'énergie dites « bas-carbone » engendre une surexploitation du cuivre qui fait craindre des tensions en matière d'approvisionnement puisque ce métal est fortement concentré géographiquement. Alors, tu me diras, il n'y a rien qui se recycle mieux que le métal et tu as raison, théoriquement. Mais, en réalité, les métaux qui composent les objets *high-tech* sont utilisés en si faible quantité que cela ne vaut économiquement pas le coup de les recycler. C'est notamment la raison pour laquelle seuls 17,4 % des déchets électroniques sont réemployés ou réutilisés dans le monde[108], le reste se retrouvant dans des décharges à ciel ouvert, comme la tristement célèbre décharge ghanéenne d'Agbogbloshie.

En fait, on se rend compte que le déploiement à grande échelle de technologies vendues comme « propres » génère des effets pervers. Premièrement, on constate un effet « déporté », c'est-à-dire qu'en espérant régler un souci (celui des émissions de carbone qui engendrent le dérèglement climatique), on vient créer d'autres problèmes (raréfaction des métaux, pollution des eaux, déclin de la biodiversité...). L'autre effet pervers concerne l'effet rebond. La mise au point d'une technologie plus efficace (et donc moins consommatrice de ressources naturelles) vient remplacer la précédente. Mais ce gain d'efficacité est contrebalancé par l'explosion de la demande qui engendre un coût environnemental finalement supérieur par rapport à la technologie précédente.

Évidemment, les technologies ne sont pas par essence négatives, d'où la nécessité de questionner leur pertinence selon les usages. Comme l'explique le philosophe Jacques Ellul, la technologie n'est en soi ni positive ni négative ni neutre. Elle est « ambivalente ». En gros, ça dépend du contexte. Internet a réussi l'incroyable prouesse de donner accès à chacun à la connaissance sur tous les sujets imaginables. Mais c'est aussi l'une des plus grandes menaces pour la démocratie avec l'essor des *fake news* diffusées à grande échelle. Les progrès de la médecine que tu évoques sont l'exemple parfait que la technologie ne peut pas être repoussée en bloc ! Nous avons besoin d'une technologie de pointe pour réaliser des opérations chirurgicales, gagner en qualité de vie, en bien-être. Vivre mieux, tout simplement. Mais, à l'inverse, a-t-on besoin d'un frigo connecté qui nous dise en temps réel le nombre d'œufs qu'il reste au frais ? Peut-on rationnellement assumer le coût environnemental de la fabrication de ce frigo au regard du peu de bien-être supplémentaire que cette nouvelle technologie nous apporte ? C'est la raison pour laquelle l'ingénieur Philippe Bihouix nous invite à adopter un « techno-discernement » qui soit adossé à nos besoins et à nos usages.

Enfin, ma chère Rose, je crains que nous n'ayons plus vraiment le temps de fonder nos espoirs uniquement sur les potentielles prouesses technologiques des ingénieurs. D'autant plus que les présupposées innovations « propres » se sont révélées l'être assez peu quand on prend en compte tout le cycle de vie des objets… En fait, nous connaissons déjà la solution pour résoudre une bonne partie des problèmes : avant tout, il nous faut faire un usage plus sobre des ressources. De nombreuses initiatives existent déjà pour acheter de seconde main, réparer, repriser, mutualiser, faire du troc, créer des objets *low-tech*… Et en plus, ça permet de créer du lien entre humains !

Je me suis acheté une voiture électrique. Il est beau mon bolide, non ? Et surtout 100 % écolo !

Dimitri, 62 ans, commerçant
et parisien depuis toujours

Bonne nouvelle, ta voiture Crit'Air 5 devait en effet être changée, car elle émettait probablement beaucoup de particules fines! C'était le bon moment pour investir, d'autant plus que la vente de véhicules thermiques neufs sera interdite dans l'Union européenne en 2035. L'électrification de l'automobile est indispensable pour atteindre nos objectifs climatiques. Pour comparer le coût climatique d'une voiture thermique et d'une voiture électrique, il est nécessaire de tenir compte de l'analyse du cycle de vie, pour prendre en considération l'ensemble des impacts, depuis la construction du véhicule jusqu'à sa fin de vie. **En France, sur toute la vie du véhicule, on considère que les émissions pour une voiture électrique sont deux à cinq fois plus faibles que pour une voiture thermique**[109]. Pour les autres pays du monde au mix énergétique plus carboné, la voiture électrique l'emporte aussi quasiment tout le temps sur la voiture individuelle. C'est donc globalement aller dans le bon sens que de changer de véhicule pour un modèle électrique.

Mais, tu t'en doutes, ce n'est évidemment pas une solution magique. L'électrification de l'automobile ne suffira pas, à elle seule, à résoudre nos problèmes écologiques qui ne sont pas qu'une histoire de CO_2 dans l'atmosphère. S'il est évident qu'un véhicule électrique émet beaucoup moins qu'une voiture thermique à l'usage (quinze fois moins), sa fabrication est en revanche très émettrice (environ 50 % de plus que pour un véhicule thermique), notamment en raison de la fabrication des batteries[110]. Pour respecter les limites planétaires, il ne sera donc pas possible de « simplement » remplacer tout le parc automobile thermique par de l'électrique. Pour limiter l'extraction des ressources naturelles, **il est ainsi important de réduire le nombre de véhicules et de privilégier des véhicules légers qui demandent une moindre utilisation de ressources (notamment de métaux)**. Ce qui n'est pas vraiment la tendance que l'on suit : en trente ans, la masse moyenne des voitures en France a augmenté de 30 %[111] avec l'essor des SUV !

Au-delà du débat thermique/électrique, c'est avant tout celui du modèle de la voiture individuelle que l'on peut questionner. A-t-on besoin de posséder une voiture quand on habite en zone urbaine ? N'est-ce pas plus économique de louer une voiture en autopartage pour partir en week-end de temps en temps, et privilégier le train pour les longs déplacements ? La mutualisation permet d'économiser des ressources, mais aussi de prendre moins de place sur l'espace public qui est saturé par la voiture et laisse peu de place aux mobilités douces. Une étude a d'ailleurs récemment montré qu'avec l'essor des SUV, les voitures grossissent de 1 centimètre tous les deux ans, empiétant toujours davantage sur la chaussée[112]. La marche, le vélo ou les transports en commun du quotidien restent moins chers et plus écologiques qu'une voiture thermique. Quand les distances sont relativement courtes et qu'une offre de transports existe, les citadins n'ont pas vraiment d'excuse pour ne pas privilégier des modes de transport doux. C'est aussi meilleur pour la santé : selon l'Ademe, trente minutes de vélo ou de marche par jour revient à réduire de 30 % le risque de maladie comme les problèmes cardiovasculaires, le diabète, le cancer ou le stress. Tous gagnants, non ?

À l'inverse, adopter des modes de transport moins énergivores est compliqué en milieu rural. Les pouvoirs publics doivent impérativement développer des infrastructures de rechargement électrique et une offre de transports adaptée pour permettre aux territoires de se décarboner. **La transition écologique des transports doit donc être territorialisée pour être équitable !**

J'ai vu que bientôt on va pouvoir piloter le climat en aspirant la pollution ou en faisant pleuvoir les nuages, c'est GÉNIAL ! Donc franchement, tranquille !

Kylian, 18 ans, ton petit cousin
super curieux, en bac pro menuiserie

Kylian, c'est drôle que tu en parles, car j'ai justement lu récemment pas mal de choses sur ce sujet qui porte un nom un peu barbare : la géo-ingénierie. Le Giec la définit comme « un vaste ensemble de méthodes et de techniques fonctionnant à grande échelle, et qui visent à modifier délibérément le système climatique pour lutter contre les effets du changement climatique ». On peut différencier deux grandes familles de géo-ingénierie[113]. La première correspond aux techniques qui agissent sur les causes du changement climatique et qui s'attaquent à la concentration de CO_2 dans l'atmosphère. C'est tout ce qui va consister à éviter les émissions supplémentaires en captant le CO_2 dans l'air. L'autre catégorie consiste à agir sur les conséquences du changement climatique en réduisant l'augmentation des températures, notamment en venant modifier les rayons solaires pour limiter le réchauffement. La solution magique pour en finir avec la catastrophe écologique ? Eh bien, pas vraiment selon ce que j'ai pu voir… Je t'explique !

Tout d'abord, les techniques de géo-ingénierie ne sont pas sans risque, elles sont énergivores et leur succès n'est pas garanti. Prenons trois exemples dont tu as sûrement déjà entendu parler.

Le fameux aspirateur de pollution dont tu parles s'appelle le « Direct air carbon capture ». C'est en effet un aspirateur géant qui capture le CO_2 de l'air ambiant. Or, cette technologie demande énormément d'énergie pour fonctionner. *Grosso modo*, si on devait absorber les deux tiers du CO_2 aujourd'hui présent dans l'air, il faudrait multiplier la facture énergétique de l'humanité par deux[114]. Tu imagines ? Une fois le CO_2 capté, il faut ensuite le stocker profondément dans le sol. Or, les zones de stockage disponibles sont mal réparties sur la planète et sont vite saturées. On voit bien que cette solution à grande échelle ne tient pas. L'usine Orca située à proximité de Reykjavik en Islande en est un excellent exemple. Sa construction a coûté quinze millions de dollars et l'usine ne capte que 4 000 tonnes de CO_2 par an, soit l'équivalent des émissions de 870 voitures seulement ! Certains te diront que, comme pour toute technologie, le déploiement à grande échelle permettra des gains d'efficacité et une baisse des coûts, mais c'est sans compter sur la raréfaction des ressources en métaux qui sont nécessaires pour fabriquer ces usines.

Tu évoques aussi le fait de pouvoir faire pleuvoir artificiellement. Cela s'appelle «l'ensemencement des nuages». Cette technique développée par l'armée américaine est née avec l'opération Popeye durant la guerre du Viêt Nam. Elle avait pour objectif d'allonger la durée des moussons et de bloquer les troupes d'Hô Chi Minh dans la boue et les effondrements de terrain. L'ensemencement consiste à injecter de l'iodure d'argent ou des sels hygroscopiques dans les nuages pour faire pleuvoir. Ceci est aujourd'hui déjà utilisé en Chine, au Moyen-Orient ou en Afrique pour lutter contre les sécheresses, et même en France où des agriculteurs l'utilisent pour éviter la grêle[115]. Toutefois, l'emploi d'iodure d'argent est controversé en raison d'effets nuisibles sur les micro-organismes dans les sols et dans l'eau (et donc dans la chaîne alimentaire).

Une autre méthode de géo-ingénierie consiste à dévoyer les rayons du soleil pour éviter qu'ils atterrissent sur Terre, et donc limiter la température terrestre. Pour cela, il faut injecter des particules chimiques dans la stratosphère de manière à créer un voile réfléchissant les rayons du soleil vers l'espace. Le projet Scopex financé par Bill Gates poursuit d'ailleurs cet objectif, mais cette technique comprend de nombreux risques. Tout d'abord, une modification du régime des précipitations, notamment dans les zones tropicales, qui entraînerait des pertes agricoles gigantesques. Un autre risque pointé du doigt concerne la disparition de la couleur bleue du ciel, qui aurait des conséquences psychologiques difficilement mesurables. Et surtout, ce que Sofia Kabbej, chercheuse associée à l'IRIS, met en avant comme un risque majeur : la menace du choc terminal. Un nom qui suffit à donner des frissons ! En gros, l'injection de particules chimiques dans la stratosphère pour contenir le réchauffement terrestre nous rendrait extrêmement dépendants de ces substances. Si nous commençons à pulvériser ces produits, nous serons contraints de continuer. On ne pourra pas arrêter sans risquer un énorme choc de température, de l'ordre de 3 ou 4 degrés. Que se passerait-il alors en cas de baisse d'approvisionnement de ces substances, en cas de guerre, ou de pandémie ?

Il est donc vraiment nécessaire d'analyser les risques de chacune de ces technologies pour se faire un avis. Mais certains risques concernent toutes les techniques de géo-ingénierie. **Dans un monde de plus en plus en tension, on peut craindre un usage militaire de la géo-ingénierie.** Si un pays maîtrise ces technologies, il pourrait décider tout seul de l'utiliser, sans prendre en compte les impacts à l'autre bout du monde. À mon avis, cela génère une grande insécurité, surtout avec des pays autocratiques et peu transparents.

Je crains aussi que nous perdions notre temps (qui est limité et précieux !) à inventer d'hypothétiques

solutions miracles, alors que nous avons toutes les clefs en main. D'ailleurs, les tenants de la géo-ingénierie se concentrent uniquement sur le problème des émissions de CO_2 et semblent oublier la complexité du système Terre. Au vu du caractère systémique des problèmes écologiques, nous avons le devoir de raisonner de manière transversale, en prenant en compte les émissions de gaz à effet de serre, mais aussi la biodiversité, la santé des sols, les océans… La protection du système Terre n'est pas qu'une question comptable de niveau de CO_2 dans l'atmosphère.

Pour comprendre pourquoi on investit tant de temps dans la recherche de ces solutions farfelues, il faut (évidemment) s'intéresser au nerf de la guerre. Qui développe ces technologies ? Eh bien, sans surprise, ce sont ceux qui émettent beaucoup de CO_2, c'est-à-dire les géants américains de la tech et les industries pétrogazières, à l'image d'ExxonMobil qui investit des milliards de dollars dans la recherche sur la captation et le stockage du carbone. Chercher à pallier des problèmes que l'on a soi-même engendrés, c'est être un pompier pyromane ! Leur objectif est de maintenir un statu quo pour continuer de sucer les dernières ressources terrestres, tout en tentant de manière très hypothétique d'en pallier les conséquences. Ingénieux, non ? Investir dans les technologies de captation carbone promet d'être particulièrement lucratif car, pour respecter les accords internationaux, tous les États et les grandes entreprises se sont engagés à atteindre la neutralité carbone d'ici 2050. Dominer le marché des crédits carbone (autrement appelés « marché des droits à polluer »), c'est donc s'assurer la mainmise sur un business particulièrement juteux, estimé entre 1000 et 4000 milliards de dollars d'ici 2050.

Ce qui me chiffonne dans tout cela, c'est qu'aucun débat démocratique n'a lieu. Le développement de la géo-ingénierie étant plus rapide que la mise en place d'une gouvernance, il existe pour l'instant un flou juridique total qui permet aux plus aisés d'expérimenter sans contrainte (mais pas sans risque). Il est crucial de fixer rapidement les critères de déploiement de la géo-ingénierie et d'éviter d'ajouter aux défis actuels – déjà bien suffisants – d'autres formes d'incertitude.

Si le Giec lui-même inclut la captation carbone dans les solutions pour atténuer les effets du changement climatique, il faut tout de même rappeler que cela doit venir en complément d'une baisse drastique de nos émissions de gaz à effet de serre. **La captation carbone sera utile de manière localisée pour capter les émissions dites « incompressibles »** pour les industries polluantes que nous ne pourrons pas aisément remplacer, comme la métallurgie par exemple. Mais en aucun cas le Giec ne préconise de concentrer notre action uniquement sur la seule captation carbone.

Nous avons la chance d'avoir sur Terre un capteur de CO_2 naturel qui est aussi un climatiseur et un refuge pour la biodiversité. Ça s'appelle un arbre. Alors, plantons-en massivement, en respectant la diversité biologique et la dignité des peuples autochtones. Plantons localement, partout. Il faut que chaque rayon de soleil se pose sur une feuille pour que la magie de la photosynthèse s'opère !

6.
Les dissonants cognitifs

Avant toute chose, qu'est-ce que la dissonance cognitive de manière générale ? C'est un terme issu de la psychologie sociale qui désigne la tension qu'il peut exister quand un comportement entre en contradiction avec ses idées, ses valeurs ou ses croyances.

Dans le champ de l'engagement pour le climat, c'est flagrant, il y a comme un bug humain[116] : on sait mais on n'agit pas (assez). Les dissonants cognitifs c'est sûrement un peu vous, un peu vos proches, et c'est aussi un peu moi. Cette catégorie correspond donc à une masse aux contours assez flous, mais définie par au moins un point commun. Tous se sont renseignés sur l'urgence écologique, mais cela ne suffit pas à changer radicalement leur mode de vie. La dissonance cognitive, c'est être soumis à des injonctions contradictoires. C'est savoir qu'il y a un sacré souci mais ne pas agir totalement en conséquence.

Malgré les posts Instagram, les éventuels documentaires, articles de presse ou bouquins, les dissonants cognitifs ne sont pas prêts à modifier leurs habitudes de consommation ou voir advenir un changement qui viendrait limiter leur confort. Certains s'en cachent, certains l'assument carrément. D'autres s'insurgent contre l'entrave à leur liberté, d'autres encore ne veulent tout simplement pas être emmerdés.

Alors, me direz-vous, on ne peut pas être parfait dans une société imparfaite. Et je suis entièrement d'accord. Se mettre au zéro déchet quand le magasin en vrac coûte trois fois plus cher (ou qu'il n'existe pas), ce n'est pas possible. Enfourcher un vélo quand les infrastructures qui assurent votre sécurité sont absentes, ce n'est pas non plus possible. Mettre en application la sobriété énergétique quand on est locataire d'une passoire thermique, compliqué aussi.

Aussi, l'idée de mon propos n'est absolument pas de pointer du doigt celles et ceux qui n'en font pas assez, mais de montrer les paradoxes de celles et ceux qui ont compris le souci mais qui décident d'en faire délibérément abstraction ou qui refusent catégoriquement de remettre en question leur confort. Là-dessus, les ordres de grandeur sont très importants. On ne peut pas comparer Jeff Bezos qui vient à la COP 27 en jet privé pour pleurer sur les impacts du changement climatique (énorme dissonance cognitive), et le couple avec trois enfants qui est conscient du problème du plastique dans les océans mais continue d'acheter des produits suremballés, faute d'alternative à un coût raisonnable. Dans un grand nombre de cas de figures, le citoyen est dépendant des structures – politiques, économiques, sociales – qui conditionnent en partie ses choix.

Alors, pour réduire nos dissonances cognitives, il me semble crucial de trouver du plaisir dans des actions qui ne polluent pas. De manière à prouver, par l'exemple, qu'un autre monde est possible, plus sobre, plus juste mais sûrement pas moins joyeux !

Je sais que c'est mauvais pour le climat... mais le voyage c'est mon petit plaisir, je ne peux pas arrêter de prendre l'avion. En plus, le train est beaucoup trop cher !

Charlie, 25 ans, webdesigner et digital nomad,
ton voisin fan de surf et de trek

Je comprends que le voyage soit un plaisir pour toi : après tout, qui n'aime pas voyager ? Découvrir de nouveaux paysages, des spécialités culinaires, apprendre les rudiments de langues inconnues, faire la fête sur une plage de sable blanc… La question du voyage est particulièrement sensible, car toute une génération d'Occidentaux plutôt privilégiés peut désormais partir au bout du monde (ou presque) pour une somme assez modique au regard de l'impact de ce voyage sur le climat.

Commençons par faire un tour d'horizon des chiffres clefs sur le sujet, pour prendre un peu de hauteur (sans mauvais jeu de mots !). Premièrement : 80 % de la population mondiale n'a jamais pris l'avion[117]. Deuxièmement : 1 % des Terriens sont responsables à eux seuls de la moitié des émissions liées au secteur aérien. Troisièmement : en 2018, seulement 11 % de la population mondiale a pris l'avion, et entre 2 et 4 % des humains ont pris un vol international[118]. **De**

quoi remettre les pendules à l'heure: prendre l'avion est avant tout un loisir de privilégiés, et il existe une infime minorité de «super-émetteurs» qui polluent à gogo.

Et à l'échelle individuelle, alors? Faire un aller-retour Bruxelles-Singapour émet environ 3,2 teqCO_2 par personne[119], alors que nos émissions annuelles ne devraient pas dépasser 2 tonnes pour atteindre nos objectifs climatiques. Selon les études, on estime par ailleurs que le TGV est cinquante à quatre-vingts fois moins émetteur que l'avion sur une même distance. Il n'y a donc pas photo, le train l'emporte largement en matière d'émission de CO_2.

Côté prix en revanche, il est certain que l'avion l'emporte la plupart du temps. En France, le train est en moyenne 2,6 fois plus cher que l'avion[120] (contre 1,5 fois plus cher en Allemagne). Comment s'explique cet écart? On trouve la réponse en se penchant sur les règles de fiscalité qui favorisent le transport aérien plutôt que le ferroviaire. Si les compagnies aériennes ne paient ni la taxe sur le kérosène ni la TVA sur les vols internationaux, elles bénéficient même de subventions publiques. Le prix des billets d'avion est encore plus tiré vers le bas en raison de stratégies de *dumping* social mises en place par les compagnies *low-cost.* Inversement, les compagnies ferroviaires paient des taxes sur l'énergie, la TVA et des péages ferroviaires qui pèsent pour 40 % du prix du billet de train.

Du côté de l'État, un rééquilibrage de la fiscalité (notamment au niveau européen) est une condition *sine qua non* pour inciter à prendre le train. De même que l'interdiction des vols de courte durée quand une alternative raisonnable en train existe ou la suppression de la publicité vantant les voyages en avion. En matière de restriction, l'ingénieur Jean-Marc Jancovici va encore plus loin en proposant de limiter à quatre le nombre de vols dans une vie[121]. Des mesures incitatives pour le train pourraient également être mises en place, comme les «tickets climat*» à un prix abordable qui sont une solution favorisant un report modal de l'avion et de la voiture vers le train. En attendant, prendre ses billets de train en avance semble être la meilleure astuce pour allier écologie et porte-monnaie!

Du côté individuel, il semble urgent de repenser notre façon de voyager. Il y a seulement quelques décennies, prendre l'avion ne serait-ce que trois fois dans sa vie était absolument impensable! Le développement de l'avion *low-cost* est extrêmement récent et,

*. Un «ticket climat» est un forfait qui permettrait d'utiliser l'ensemble des transports ferroviaires publics (hors TGV) de manière illimitée, et à un prix abordable. L'Allemagne propose ainsi une formule à 49 € par mois.

au regard des enjeux climatiques et de la finitude des ressources en pétrole, ce mode de transport ne pourra pas persister.

Charlie, pour préserver la nature que tu aimes tant, ne penses-tu pas qu'il est temps d'inventer un nouveau type de voyage, plus lent et plus local, et que l'avion doit devenir l'exception ? En Suède, en raison du *flygskam* qui désigne la honte d'emprunter ce mode de transport, on observe une diminution du nombre de vols. La norme sociale peut ainsi avoir un impact réel et concret.

De nombreuses alternatives aux voyages « Instagram » existent. Il semble urgent de bâtir de nouveaux imaginaires pour promouvoir un tourisme plus lent. Un tourisme qui prend le temps. Des micro-aventures près de chez soi aux traversées de l'Europe en train de nuit, les possibilités sont si nombreuses et excitantes, faisant du trajet un voyage à part entière…

« *Je suis d'accord qu'il faut agir, mais les militants deviennent vraiment trop radicaux! Ils bloquent des routes, s'en prennent à l'art… Non mais oh, ils commencent à nous courir sur le haricot avec leur écologie!* »

Germaine, 85 ans, ta mamie en boucle devant BFM

Ces derniers temps, des actions « coup de poing » font en effet la une de l'actualité : des terrains de golf vandalisés, les pneus de SUV dégonflés, des tableaux du Président décrochés, des manifestations pour protester contre les mégabassines… T'es-tu déjà demandé pourquoi ces militants en venaient à la désobéissance civile ? Est-ce par envie d'embêter les gens ? Ils passent avant tout par ce type d'action pour être entendus. Car, au vu de l'urgence climatique et du manque de considération pour les innombrables rapports scientifiques, de nombreux citoyens* se sentent démunis face à l'inaction de nos gouvernements. **Les actions « choc » permettent d'être médiatisés et de tenter une percée sur la scène de l'actualité pour mettre une cause à l'ordre du jour**. C'est ce que l'on appelle la « mise à l'agenda » dans le jargon de la sociologie politique.

*. Et également des scientifiques, avec le mouvement Scientist Rebellion et sa branche française Scientifiques en Rébellion.

Mais bien sûr, la question de la radicalisation d'une frange des militants de l'écologie pose question, y compris parmi ses partisans (par exemple, le politologue François Gemenne y voit un risque de perdre la capacité d'influencer l'action publique). C'est l'éternelle question : faut-il changer le système de l'intérieur et tenter de le réformer (via des actions d'influence) ou de l'extérieur (en proposant un contre-modèle radicalement différent, en imposant un rapport de force) ?

La théorie du flanc radical vient réconcilier ces deux visions. Mise en lumière dans l'analyse de la lutte pour les droits civiques aux États-Unis, cette théorie montre que la frange radicale, plutôt que de desservir les militants plus modérés, vient au contraire leur donner du poids. Dans le cas des droits civiques, Herbert H. Haines[122] constate que les organisations noires modérées ont non seulement vu leur financement croître avec la montée du mouvement noir radical, mais de vraies avancées législatives ont aussi pu voir le jour. Ainsi, la radicalisation d'une frange incite les responsables politiques à nouer des liens avec la partie dite « modérée » et trouver des compromis. C'est le principe de la fenêtre d'Overton, qui constitue le périmètre de ce qui est acceptable au sein d'une société. Les « radicaux » font déplacer cette fenêtre, faisant apparaître les modérés comme plus raisonnables, ce qui contribue à une évolution des valeurs et des normes, et donc à des changements en matière de politiques publiques. Modérés et radicaux s'entraident donc. On retrouve cette même complémentarité dans la lutte contre le réchauffement climatique, avec des mouvements plus ou moins radicaux.

Et, mamie, les exemples de militantisme que l'on voit à la télé sont-ils vraiment si «radicaux» face à l'urgence climatique? Lancer de la sauce tomate sur la vitre qui protège un tableau, est-ce que cela relève vraiment de la violence? Et s'asseoir sur une route pour la bloquer pacifiquement? Les militants revendiquent comme mode d'action la non-violence envers les personnes. Tu dois t'en souvenir mieux que moi: José Bové qui démontait le McDo de Millau pour protester contre l'agro-industrie, c'était quand même autre chose! Aujourd'hui, le système capitaliste et sa prédation sur les ressources naturelles est d'une extrême violence. Pour les écosystèmes et pour les humains qui en font partie. Neuf millions de morts chaque année dans le monde à cause de la pollution de l'eau, de l'air et des sols[123]. Quarante mille enfants exploités dans les mines de la République démocratique du Congo pour produire nos outils numériques[124]. Mille cent trente-cinq décès dans l'effondrement du Rana Plaza au Bangladesh où des ouvrières et des ouvriers fabriquaient des vêtements de *fast fashion*. Violent aussi, non? On peut donc questionner le terme de «radicalité» pour qualifier les militants. Étymologiquement, cela signifie s'attaquer à la racine d'un problème, c'est-à-dire s'attaquer à sa cause profonde. C'est donc plutôt positif. Mamie, quand tu jardines, tu te rends bien compte que si tu n'arraches pas la racine de la mauvaise herbe, elle finit par repousser et coloniser tes légumes. C'est pareil avec le changement climatique, il nous faut nous attaquer à la cause du problème. Tant que l'on infligera au vivant ce rythme insoutenable imposé par le système extractiviste, nous ne parviendrons pas à maintenir à long terme l'habitabilité de cette planète.

En revanche, je perçois l'exaspération dans ta voix et tu n'es pas la seule à m'en faire part. Je pense que les mouvements écologistes doivent aussi prendre en compte cette musique qui monte pour ne pas se mettre à dos une partie de la population et perdre leur adhésion. **Il faut montrer en parallèle de ces actions qu'un monde plus écologique est aussi plus juste socialement et que l'écrasante majorité des humains y gagnera. Il nous faut montrer que ce futur est DÉSIRABLE !**

Évidemment, l'urgence est là, j'en suis totalement conscient. Mais la contrainte ne peut pas être une solution, il faut en finir avec l'écologie punitive !

Christopher, autoentrepreneur de 43 ans,
issu d'un milieu rural

Figure-toi Christopher que nous vivons déjà dans un État franchement liberticide. Aussi étonnant que cela puisse paraître, il me semble même que cela constitue le fondement de notre démocratie. Je te vois froncer les sourcils, laisse-moi t'expliquer ce que j'entends par là…

Nous sommes, en France, dans un État de droit, c'est-à-dire que nous sommes régis par des lois, des réglementations, voire des interdictions qui nous permettent de faire, collectivement, société. Par exemple, me balader en ville avec un fusil d'assaut est interdit, bien que cela vienne contraindre ma liberté. C'est là que la phrase « la liberté s'arrête là où commence celle des autres » prend tout son sens. Car, en société, la liberté individuelle ne peut pas être absolue, elle doit être contenue pour permettre la sécurité de toutes et tous. C'est le fondement même du contrat social : renoncer à une partie de ses libertés pour faire société. Les règles sont ainsi édictées dans un but d'intérêt général qui doit primer sur les intérêts personnels, au profit de la santé, de la sécurité, de l'éducation, etc. Concrètement, quand on me force à mettre ma ceinture en voiture, est-ce considéré comme de la « sécurité punitive » ? Quand on oblige les enfants à aller à l'école ou à se faire vacciner contre le tétanos, est-ce de « l'éducation et de la santé punitives » ?

Certaines problématiques de santé publique ont d'ailleurs permis d'instaurer des interdictions radicales. Par exemple en 2007, la loi interdit de fumer dans des lieux clos. Parle-t-on pour autant de dérive liberticide ? Cette mesure nous semble aujourd'hui être du bon sens, au vu des conséquences désastreuses du tabagisme (y compris passif) sur la santé. De la même manière, on pourrait considérer qu'en raison du nombre de décès prématurés engendrés chaque année par la pollution aux particules fines, toute source de pollution de l'air, au-delà d'un certain seuil, devrait être interdite. Mais là, on touche à un point sensible et j'entends déjà des voix se lever contre les entraves à la liberté.

Alors, j'aimerais te poser cette question : Qu'est-ce qui est punitif, et pour qui est-ce punitif ? Tout d'abord, cela me semble honnête de dire que la punition, ce n'est pas d'interdire les jets privés par exemple, c'est plutôt de subir les étés caniculaires, les sécheresses et la chute des rendements agricoles qui surviendront si la température moyenne du globe augmente de 3 °C (trajectoire que nous suivons actuellement). Ce qui est punitif, ce n'est pas non plus d'instaurer une taxe sur le kérosène qui alimente les avions, c'est plutôt l'élévation du niveau des mers qui rasera de la carte des villes entières si nous continuons à émettre autant de gaz à effet de serre dans l'atmosphère. Comme le dit Thomas Wagner (Bon Pote), «l'écologie punitive, c'est avant tout jouer le jeu de l'inaction écologique[125] ». Car quelle est cette liberté que tu sous-entends, Christopher ? Celle de continuer à acheter de la *fast fashion* et de manger du bœuf tous les jours ? Ou celle de conserver un air sain, une eau potable, et une terre habitable ? De nombreuses mesures écologiques pourraient certes réduire la « liberté » de certains (en premier lieu, les plus aisés qui ont l'empreinte carbone la plus élevée), mais au bénéfice des autres qui profiteront de ces restrictions.

Ceci ne signifie pour autant pas que l'écologie punitive n'existe pas. Des mesures dites « écologiques » peuvent avoir des effets punitifs si elles n'intègrent pas des dimensions de justice sociale, de manière à répartir les efforts en fonction de ses moyens d'action. En 2018, la taxe carbone a engendré le mouvement des Gilets jaunes, précisément parce que cette taxe n'était pas suivie de mesures d'accompagnement pour les plus modestes.

J'imagine que, lorsque tu évoques « l'écologie punitive », tu penses aussi à l'idée de réduire la vitesse sur l'autoroute de 130 à 110 km/h, qui est une question qui enflamme les débats sur X (ex-Twitter) ! Cette proposition est issue de la Convention citoyenne pour le climat. Au vu de l'urgence écologique (je le rappelle, car c'est important de le rappeler, encore et encore), il est indispensable d'identifier les rares mesures qui auraient un impact immédiat sur nos émissions de CO_2. Or, il s'avère que la baisse de la limite autorisée de 130 à 110 km/h sur l'autoroute en fait partie. Cette mesure est par ailleurs bénéfique pour le pouvoir d'achat puisqu'on estimerait une baisse de la consommation de carburant de l'ordre de 16 % par kilomètre[126]. Au regard des bénéfices d'une telle mesure, les huit à neuf minutes de temps de trajet « perdues » sur une distance de cent kilomètres paraissent bien minces. Ajoutons à cela qu'au quotidien, relativement peu de Français empruntent l'autoroute (alors que beaucoup prennent les départementales, d'où la levée de boucliers lors du passage de 90 à 80 km/h[127]).

Et je finirai par un dernier point. **Je suis persuadée qu'il est crucial de faire beaucoup de pédagogie pour expliquer le bien-fondé de certaines mesures écologiques qui peuvent, à première vue, sembler contraindre les libertés individuelles.** Relier systématiquement ces mesures aux conséquences du dérèglement climatique – autrement plus liberticides, voire mortelles – me semble être un excellent point de départ pour partir d'un constat commun et construire de l'acceptabilité sociale. Et toi, tu en penses quoi ?

« *J'ai pris l'avion vingt fois cette année mais c'était pour donner des conférences en lien avec le thème du climat. Du coup, au vu du nombre de personnes que j'ai pu toucher, je pense que mon impact global est positif.* »

Élisabeth, 38 ans, ta cousine éloignée
scientifique qui fait la fierté de la famille

As-tu déjà entendu parler du concept d'ombre climatique ? Car c'est totalement en lien avec ce que tu viens de dire. Ce concept a été proposé par la journaliste américaine Emma Pattee qui estimait que l'empreinte carbone ne permettait pas de mesurer ce qui n'est pas quantifiable. Par exemple, convaincre un proche de devenir végétarien ou voter pour un candidat dont le programme prend sérieusement en compte les enjeux climatiques ne se reflète pas dans l'empreinte carbone mesurée en kilos ou tonnes de CO_2, alors que leur impact est positif pour le climat. L'ombre climatique permettrait donc de mettre en lumière toutes ces actions non mesurables mais qui ont un impact écologique positif, comme quand tu donnes une conférence auprès de cent personnes.

Selon Emma Pattee, cette ombre climatique est le résultat de trois composantes : la consommation, les choix et l'influence[128]. La consommation prend en compte les attentes en termes de style de vie, comme allumer la climatisation tout l'été, souhaiter des livraisons express ou encore participer à la société de consommation (par exemple, en postant des photos de nouveaux achats sur les réseaux sociaux). La consommation inclut aussi l'empreinte carbone. Ensuite, les choix correspondent à la manière dont on donne et on investit son argent, au nombre d'enfants et d'animaux que l'on a ou encore au type d'emploi que l'on exerce. Enfin, l'influence correspond à l'énergie que l'on consacre à la crise climatique : est-ce que j'en parle autour de moi ? est-ce que j'ai rejoint une association ou un emploi à impact positif ?

Pourtant, même si ce concept est bien utile pour mettre en avant ce qui n'est pas mesurable et qui pourtant est essentiel pour lutter contre le dérèglement climatique (promouvoir des modèles alternatifs, s'organiser collectivement, convaincre les autres…), notons que l'ombre climatique a une grosse limite puisqu'elle n'est pas mesurable. Typiquement, lorsque tu te rends à une conférence au Japon, tu ne peux pas être certaine que l'impact que tu auras sur ton audience suffira à compenser l'impact carbone du voyage, puisque justement on ne peut pas mesurer l'ombre climatique aussi précisément que l'empreinte carbone. Lorsque l'on convainc son collègue d'arrêter de venir au travail en voiture, cela ne donne pas pour autant le droit de s'acheter un SUV, au seul titre que l'on influence positivement autour de soi. Sinon, ça s'appelle de la compensation carbone !

Au-delà de la comparaison entre ombre climatique et empreinte carbone, je pense qu'il est important de se poser la question de l'exemplarité. Loin de moi l'idée qu'il faudrait être en tous points 100 % exemplaire pour avoir l'autorisation de parler d'écologie mais, pour être entendu il faut bien être aligné un minimum avec ce que l'on prêche, autrement on risque de perdre son auditoire. C'est comme quand un ministre du budget (et de gauche, qui plus est) est reconnu coupable d'évasion fiscale. Ça jette un sacré discrédit ! Je suis persuadée que l'incarnation est cruciale pour embarquer avec soi. Pour une partie de tes conférences, par exemple, proposer un format en distanciel ou inviter tes confrères qui sont à proximité pourrait à la fois permettre au public d'être renseigné et limiter ton impact sur le climat.

Bref, tout ça pour dire que l'empreinte carbone et l'ombre climatique ne se substituent pas l'une à l'autre et qu'elles peuvent tout à fait être complémentaires !

BONUS Attends, mais t'es écolo et t'as un smartphone… Tu vois, toi aussi tu es dans la dissonance cognitive donc tu ne peux pas vraiment donner de leçons!

Prénom: ____________ Âge: __________

Activité dans la vie: ________________

Ah. L'attaque ad hominem, celle qui vise l'interlocuteur plutôt que ses arguments, on l'attendait! C'est le point Godwin de l'écologie, celui auquel vous n'échapperez pas si vous discutez avec des personnes qui n'ont pas encore identifié le caractère systémique des problématiques environnementales. Cette réplique interviendra probablement après une longue discussion, et votre interlocuteur sera fier comme un coq d'avoir mis le doigt sur votre faille. Il aura l'impression que vous lui donnez enfin la preuve tangible qu'en réalité vous n'êtes pas un vrai écolo! L'objet de cette attaque pourra aussi bien être votre téléphone portable, que le petit bout de jambon dans votre assiette, ou encore cette paire de chaussures neuves pour laquelle vous avez fini par craquer. Heureusement, la prochaine fois que vous aurez à faire à ce type de remarque, vous aurez quelques grains à moudre…

Alors, oui, c'est vrai j'ai un smartphone. **J'ai un smartphone car je suis dans une société où il serait**

compliqué de vivre sans. J'ai un smartphone car j'en ai besoin pour consulter mon compte en banque, pour communiquer avec mes amis, pour passer des coups de fil professionnels, pour me renseigner sur l'actualité et checker la météo au réveil. Nous vivons dans une société avec laquelle nous sommes obligés de composer. Même si l'on souhaite contribuer à en changer la matrice, on ne peut pas s'en extraire, sauf à aller vivre totalement reclus.

Ta remarque pose finalement la question de l'exemplarité : doit-on être irréprochable pour avoir le droit de critiquer et de revendiquer quoi que ce soit ? Personnellement, je pense que l'exemplarité est très importante, mais elle a ses limites. Si on attendait que tout le monde soit 100 % parfait pour agir, on n'avancerait pas d'un pouce sur les sujets de société ! Comme le dit l'autrice Anne-Marie Bonneau : « *Nous n'avons pas besoin d'une poignée d'individus parfaitement zéro déchet, nous avons besoin de millions de personnes imparfaites qui font de leur mieux.* » Je suis totalement d'accord avec elle et je pense qu'on peut appliquer cette maxime à bien d'autres sujets que le zéro déchet. Ça ne veut pas dire qu'il faut délibérément être imparfait. Ça veut tout simplement dire qu'on ne peut pas être toujours parfait dans une société qui ne l'est pas. Par exemple, quand il n'y a pas de pistes cyclables sécurisées, on ne peut légitimement pas critiquer les citoyens qui rechignent à se mettre au vélo. À titre personnel, j'essaie de faire de mon mieux, mais je suis loin d'être parfaite et je ne revendique pas une exemplarité infaillible qui serait d'ailleurs illusoire et difficile à vivre. Le citoyen ne peut pas être pointé du doigt comme un consommateur inconséquent quand il est constamment soumis à des publicités particulièrement séduisantes. C'est comme si vous aviez décidé de vous mettre au régime mais que votre entourage vous mettait toutes les dix minutes des sucreries sous le nez. Pour que le régime fonctionne, il faut évidemment avoir envie de maigrir, mais l'incitation à manger doit aussi être réduite !

Par ailleurs, je ne cherche absolument pas à te faire la leçon. Moi-même, il y a quelques années, je n'avais pas conscience de tous les enjeux auxquels nous sommes confrontés et je prenais l'avion sans me poser de question. **Le processus de conscientisation prend du temps et il demande de bien s'informer**. Les médias ont d'ailleurs un rôle majeur à jouer pour vulgariser les enjeux écologiques et montrer toute l'urgence à agir.

Seulement, une fois que l'on a compris les enjeux, il reste la mise en action qui est une autre paire de manches. **Moralement, je trouve cela difficile de faire l'autruche et de plaider l'impuissance quand on est en position de pouvoir choisir** (je parle évidemment de celles et ceux qui ont assez de moyens financiers pour choisir, et qui sont ceux dont l'empreinte carbone est la plus importante). Je suis persuadée qu'au contraire nous avons en nous une puissance d'agir, et ce à des niveaux différents qui sont imbriqués les uns dans les autres. L'action individuelle a un impact éminemment collectif quand on partage avec son entourage ses expériences et ses décisions individuelles. L'effet contagion ne doit pas être sous-estimé. Par exemple, expliquer à ses amis son refus de prendre un vol *low-cost* pour passer un week-end à Budapest peut participer à questionner cette pratique et semer des graines dans la tête de ses amis. Et, par effet boule de neige, contribuer à modifier la norme sociale en rendant cette pratique socialement inacceptable. **L'action individuelle peut devenir collective.**

En parallèle, les actions individuelles sont à un moment confrontées à une sorte de plafond de verre. C'est super et nécessaire de faire toutes ses petites actions «parfaites»: réduire sa consommation de viande, arrêter de prendre l'avion, acheter des objets d'occasion, refuser le plastique à usage unique. Mais quand tant d'autres n'empruntent pas le même chemin, c'est frustrant, n'est-ce pas? **Pour aller au-delà des petites actions individuelles, un passage à une autre échelle est crucial pour remporter la bataille du vivant contre le saccage de la nature**. Une fois que tu as compris le souci, il me semble important de passer à un niveau collectif, qui peut revêtir des formes diverses. Discuter avec tes proches, rejoindre une association locale, passer à l'activisme, se reconvertir professionnellement, changer de banque… Les possibilités sont multiples ! Et, d'ailleurs, n'oublie pas ton smartphone qui sera quand même bien utile pour t'organiser collectivement et relayer les actions sur les réseaux sociaux. Comme le dit Thomas Wagner (Bon Pote) : « Se priver des réseaux sociaux pour espérer changer le système, c'est aller faire la guerre à mains nues contre des chars. »

Conclusion

Que vous soyez un écolo convaincu à la recherche d'arguments pour étayer vos discussions enflammées ou un simple curieux tombé sur ce petit manuel par hasard, je suis ravie que vous soyez arrivé au bout de cette lecture. J'espère que ce moment passé en compagnie de Mehdi, d'Élisabeth ou encore de Christopher vous aura permis de saisir certains chiffres clefs, de repérer des études pertinentes et des comparaisons imagées que vous pourrez à votre tour utiliser.

Je rappelle que, dans le but de faciliter la lecture et de structurer ma pensée, j'ai été contrainte de disséquer la réalité en six profils types d'interlocuteurs que j'ai nommés les nouveaux sceptiques, les immobilistes, les éco(nomico)-anxieux, les optimistes candides, les technosolutionnistes et les dissonants cognitifs. Ne vous méprenez pas, il ne s'agit en aucun cas d'enfermer quiconque dans une case. Ce ne sont que des fragments du réel qui m'ont permis d'imager mon propos pour le clarifier. La réalité est bien plus complexe. Dans la vraie vie, on peut sauter d'une case à une autre en fonction du sujet, être un peu dans l'une et un peu dans l'autre. On peut aussi être contraints d'avoir un pied chez les dissonants cognitifs. Car, tout en réaffirmant l'importance de l'exemplarité et sans vouloir se dédouaner, il n'est pas possible de vivre 100 % en accord avec ses convictions quand l'environnement dans lequel on vit y est hostile. C'est pourquoi le collectif est crucial pour parvenir à lever les freins structurels au changement.

Le contenu de ces six catégories n'est évidemment pas exhaustif, il y a tant d'autres répliques qui auraient pu servir d'exemples pour y développer un argumentaire ! Mais, le parti pris de ce livre était justement de proposer un format court et percutant sous la forme d'un ping-pong « réplique-argument » afin d'apporter quelques pistes de réflexion. J'ai construit les répliques en tentant le plus possible d'adopter le triptyque suivant : déconstruction – faits – alternatives. L'idée, qui pourrait ainsi être appliquée à bien d'autres situations que celles proposées dans ce livre, est de commencer par interroger le système actuel, mettre en lumière ses paradoxes et prendre du recul pour montrer que notre vécu n'est pas universel et que ce qui nous apparaît comme la « réalité » est parfois tronqué. « A-t-on vraiment toujours pris l'avion? Est-ce vraiment pertinent de croître indéfiniment? A-t-on vraiment baissé significativement nos émissions de carbone?» Ensuite, viennent les faits: il faut parler à la raison. Donner des chiffres, montrer que l'écologie n'est pas une incantation dogmatique mais une nécessité scientifique, prouvée, rationnelle. Enfin, adressons-nous au cœur et à l'imagination: il faut faire rêver son interlocuteur. Montrons-lui qu'un futur écologique est loin d'être une régression et qu'au contraire l'avenir sera plus juste, plus beau, plus respectueux de la vie sur Terre. Pour permettre à l'autre de se projeter, rien de tel que quelques exemples concrets qui prouvent qu'un autre monde est possible. C'est peut-être utopique, mais l'utopie est le moteur de notre progrès social[129] et les récits ont un pouvoir immense de mise en mouvement. Comme le dit la rabbine Delphine Horvilleur, les récits sont même «une arme de reconstruction massive».

J'espère que cette lecture vous aura aussi permis de tisser des liens entre des champs qui dépassent l'écologie comme on la perçoit souvent. Car l'écologie est indissociable de tant d'autres combats: la justice sociale, l'anticolonialisme, l'antiracisme, le féminisme, la santé… L'écologie est à la confluence de ces idéaux. C'est en quelque sorte la lutte-mère: le combat contre la domination de certains êtres vivants sur d'autres êtres vivants.

« Quand deux fleuves se rencontrent, ils n'en forment plus qu'un » chante Gaël Faye. Aujourd'hui, il y a bien plus que deux fleuves et leur convergence nous redonne un cap commun.

Glossaire

Accord de Paris : adopté par 195 nations le 12 décembre 2015 dans la capitale française à l'issue de la COP21, l'Accord de Paris rassemble pour la première fois toutes les nations du monde pour fixer un cadre commun de lutte contre le changement climatique. L'objectif principal de cet accord universel est de maintenir l'augmentation de la température mondiale bien en dessous de 2 degrés Celsius et de mener des efforts encore plus poussés pour limiter l'augmentation de la température à 1,5 degré Celsius au-dessus des niveaux préindustriels.

Anthropique : qui est d'origine humaine. On dit par exemple que le changement climatique est d'origine anthropique.

Décarboné : se dit d'un produit, d'un système ou d'un mode de vie qui émet peu de CO_2. Par exemple, les modes de transport décarbonés comprennent la marche, le vélo et les transports en commun quotidiens.

Dérèglement climatique: le dérèglement climatique correspond à une perturbation du climat à l'échelle planétaire et sur le long terme. Les dérèglements (ou changements) climatiques sont pluriels, c'est pourquoi on privilégiera ce terme plutôt que celui de «réchauffement climatique» qui n'est qu'une manifestation du dérèglement. Parmi ces dérèglements, on compte l'intensification et l'augmentation de la fréquence d'événements climatiques extrêmes tels que les vagues de chaleur (terrestre et marine), les sécheresses, les tempêtes et les inondations ou encore les cyclones.

Dissonance cognitive: tension interne d'une personne lorsque ses actions entrent en contradiction avec son système de pensée, ses valeurs, ses croyances et ses opinions. Pour limiter ce conflit interne, les individus cherchent alors à trouver des justifications à leur comportement. Ce concept a été formulé pour la première fois par le psychologue Leon Festinger dans son livre *A Theory of Cognitive Dissonance* (1957).

Écologique *vs* climatique: l'adjectif «écologique» fait référence au système Terre dans sa globalité, et notamment aux interactions de l'ensemble des êtres vivants avec leur environnement. À l'inverse, l'adjectif

« climatique » relève du climat uniquement ; c'est donc un terme plus restreint que le précédent.

Gaz à effet de serre : gaz présents dans l'atmosphère qui retiennent une partie de la chaleur du soleil. L'effet de serre est un phénomène naturel (le principal gaz à effet de serre naturel est la vapeur d'eau) qui rend la vie possible sur Terre. Or, les activités humaines génèrent des gaz à effet de serre additionnel, responsables du dérèglement climatique. Les principaux gaz à effet de serre issus des activités humaines sont le gaz carbonique (CO_2), principalement issu de la combustion fossile et de la déforestation, le méthane (CH_4) dont la cause est majoritairement agricole, le protoxyde d'azote (N_2O), notamment dû à l'épandage d'engrais, et les gaz fluorés présents par exemple dans les réfrigérateurs.

Giec : Groupe d'experts intergouvernemental sur l'évolution du climat. Créé en 1990, ce groupe d'experts fait la synthèse des connaissances mondiales sur le climat.

Notes

LES NOUVEAUX SCEPTIQUES (PAGES 17 À 48)

«Tu sais, c'est pas bien grave ce réchauffement climatique. Il y a toujours eu des fluctuations du climat, c'est juste un phénomène naturel!»

1. Pierre Thomas, «Les variations climatiques "pour les nuls"», *Planet Terre* ,11 janvier 2017, https://planet-terre.ens-lyon.fr/ressource/variations-climatiques-bases.xml

2. Jean-Marc Jancovici, «Où nous situons-nous dans l'échelle des températures par rapport au passé?», *Jean-Marc Jancovici,* 1er novembre 2004, https://jancovici.com/changement-climatique/predire-lavenir/ou-nous-situons-nous-dans-lechelle-des-temperatures-par-rapport-au-passe/

3. Adrian J. Simmons, «Trends in the tropospheric general circulation from 1979 to 2022», *Weather and Climate Dynamics,* vol. 3, nº 3, 21 juillet 2022, p. 777-809.

4. «Juin 2023 a été le mois de juin le plus chaud jamais enregistré», *ONU Info,* 7 juillet 2023, https://news.un.org/fr/story/2023/07/1136712; Source: https://climate.copernicus.eu/sites/default/files/2023-12/C3S_MonthlyMaps_November 2023-FR.docx

«3 degrés de plus, je les prendrais bien, moi! Le climat de Marseille à Lille, mais que demande le peuple?!»

5. Libération et AFP, « Le niveau de CO_2 jamais vu sur terre depuis 4 millions d'années », *Libération*, 4 juin 2022.

6. Jean-Marc Jancovici, « Où nous situons-nous dans l'échelle des températures par rapport au passé ? », *art. cit.*

7. Mathilde Ragot, « Montée des eaux : des centaines de métropoles englouties d'ici la fin du siècle ? », *Geo*, 1er septembre 2022, https://www.geo.fr/environnement/montee-des-eaux-des-centaines-de-metropoles-englouties-dici-la-fin-du-siecle-211567

8. Geo avec AFP, « Avec + 2,3 °C, l'Europe est la région du monde qui se réchauffe le plus vite, confirment l'OMM et Copernicus », *Geo*, 19 juin 2023, https://www.geo.fr/environnement/avec-23-c-leurope-est-la-region-du-monde-qui-se-rechauffe-le-plus-vite-confirment-lomm-et-copernicus-215236.

9. Pierre Masselot, *et al.*, « Excess mortality attributed to heat and cold: a health impact assessment study in 854 cities in Europe », *The Lancet*, vol. 7, n° 4, 16 mars 2023, https://www.thelancet.com/journals/lanplh/article/PIIS2542-5196(23)00023-2/fulltext

10. « Canicules à venir : des étés à 50 degrés en France ? », *Bon Pote*, 15 juin 2021, https://bonpote.com/canicules-a-venir-des-etes-a-50-degres-en-france/

11. Marco Carrer, Raffaella Dibona, Angela Luisa Prendin & Michele Brunetti, « Recent waning snowpack in the Alps is unprecedented in the last six centuries », *Nature Climate Change*, n° 13, 12 janvier 2023, p. 155-160, https://www.nature.com/articles/s41558-022-01575-3

« Qui aurait pu prédire la vague d'inflation ainsi déclenchée ? Ou la crise climatique aux effets spectaculaires encore cet été dans notre pays ? »

12. Garance Muñoz et Esther Michon, « "Qui aurait pu prédire la crise climatique ?" : retour sur cinquante ans d'alerte », « L'heure du monde » (podcast), *Le Monde.fr*, 12 janvier 2023.

13. Camille Étienne, *Pour un soulèvement écologique. Dépasser notre impuissance collective*, Paris, Seuil, 2023.

« L'écologie, c'est vraiment un truc de riche bobo citadin ! »

14. Ademe, « Agriculture – Faits et enjeux », *Territoires & climat*, s.d., https://www.territoires-climat.ademe.fr/ressource/442-154

15. Ministère de l'Agriculture et de la Souveraineté alimentaire, « Comité national de gestion des risques en agriculture : l'État poursuit le traitement des calamités sur fourrages conformément à ses engagements » (communiqué de presse), 19 janvier 2023, https://agriculture.gouv.fr/letat-poursuit-le-traitement-des-calamites-sur-fourrages-conformement-ses-engagements

16. Séverine Deguen, *et al.*, « Neighbourhood characteristics and long-term air pollution levels modify the association between the short-term nitrogen dioxide concentrations and all-cause mortality in Paris », *Plos One*, 21 juillet 2015, https://journals.plos.org/plosone/article?id=10.1371/journal.pone.0131463

17. Séverine Deguen, *et al.*, « De l'injustice sociale dans l'air : pauvreté des enfants et pollution de l'air », *Unicef/Réseau action climat France*, octobre 2021, https://reseauactionclimat.org/publications/rapport-injustice-sociale-pollution-air/

18. Libération et AFP, « Pollution : l'État jugé pour la première fois en partie responsable des maladies respiratoires de deux enfants », *Libération*, 20 juin 2023, https://www.liberation.fr/environnement/pollution/pollution-letat-juge-pour-la-premiere-fois-en-partie-responsable-des-maladies-respiratoires-de-deux-enfants-20230620_6MGCRPTC5BDKZHDQNXZCUFFPE4/

19. Hugo Botton, « Accès aux espaces verts : des inégalités révélées par la Covid-19 », *The Conversation*, 3 décembre 2020, http://theconversation.com/acces-aux-espaces-verts-des-inegalites-revelees-par-la-covid-19-150864

20. Mémoire vive, *L'avion de Bernard* (@laviondebernard), photos et vidéos Instagram, s.d., https://www.instagram.com/laviondebernard/

« L'écologie, c'est une préoccupation de pays riches ! Vous n'allez pas dire aux Africains d'arrêter de se développer. »

21. « Les pays les plus vulnérables au changement climatique gravement touchés par la faim » (communiqué de presse), *Oxfam France*, 16 septembre 2022, https://www.oxfamfrance.org/communiques-de-presse/les-pays-les-plus-vulnerables-au-changement-climatique-gravement-touches-par-la-faim/

22. Hannah Ritchie, Max Roser & Pablo Rosado, « CO_2 and greenhouse gas emissions », *Our World in Data*, août 2020, https://ourworldindata.org/co2-and-greenhouse-gas-emissions.

23. « Les pays du G20 responsables à 80 % des émissions de gaz à effet de serre », *Amnesty International France*, 14 juin 2021, https://www.amnesty.fr/discriminations/actualites/les-pays-du-g20-responsables-a-80-des-emissions-de-gaz-a-effet-de-serre

24. « 93 % of countries most vulnerable to climate disasters are either in or at significant risk of debt distress, new research by ActionAid International shows », *ActionAid International*, 6 avril 2023, https://actionaid.org/news/2023/93-countries-most-vulnerable-climate-disasters-are-either-or-significant-risk-debt

25. Le Monde avec AFP, « Climat : 2000 milliards de dollars par an nécessaires pour les pays du Sud », *Le Monde*, 8 novembre 2022, https://www.lemonde.fr/planete/article/2022/11/08/climat-2-000-milliards-de-dollars-par-an-necessaires-pour-les-pays-du-sud_6148886_3244.html

« Le vrai problème, c'est qu'on est beaucoup trop nombreux sur terre. Dans trente ans, il y aura 2,5 milliards d'Africains, et

1,6 milliards d'Indiens. Il faut qu'on réduise drastiquement le nombre de naissances.»

26. Dorali Mensah, «8 milliards d'êtres humains : sommes-nous trop nombreux?», «L'heure du monde» (podcast), *Le Monde.fr*, 15 novembre 2022.

27. *National Footprint and BiocapacityAccounts 2022* https://data.footprintnetwork.org/#/compareCountries?type=earth&cn=&yr=2022

28. Justine Prados, «La planète peut-elle supporter huit milliards d'êtres humains?», *Vert*, 24 novembre 2022, https://vert.eco/articles/la-planete-peut-elle-supporter-huit-milliards-detres-humains

LES IMMOBILISTES (PAGES 49 À 82)

« Honnêtement, entre nous, il est déjà trop tard, ça ne sert à rien de se battre... Le combat est perdu d'avance, donc ne gaspillez pas votre temps ! »

29. Par exemple, l'étude «*Observationally-constrained projections of an ice-free Arctic even under a low emission scenario*» parue en juin 2023 dans la revue Nature Communications révèle que la mer de glace en Arctique fond bien plus rapidement que ce que prévoyait le Giec. Selon les prévisions, l'Arctique sera privé de glace de mer dès septembre 2030 (ce mois est le moment où la glace de mer atteint sa superficie minimale annuelle), ce qui entraînera des phénomènes météorologiques extrêmes partout dans le monde (notamment: canicules, feux de forêt, fonte du permafrost, montée des eaux). Selon l'étude, cela interviendra «quels que soient les scénarios d'émissions», car le processus est déjà trop engagé en raison du niveau de nos émissions de gaz à effet de serre.

30. « Publication du 6e rapport de synthèse du Giec », *Ministère de la Transition écologique*, 20 mars 2023, https://www.ecologie.gouv.fr/publication-du-6e-rapport-synthese-du-giec

31. « Climat : le Giec publie son dernier guide de survie pour la planète », *ONU Info*, 20 mars 2023, https://news.un.org/fr/story/2023/03/1133417

« Arrêtez de me dire ce que je dois faire à la fin… C'est pas les petits gestes individuels qui vont nous sauver ! »

32. Sabah Rahmani, « Eau : l'agriculture consomme 90 % de nos ressources en eau », *Kaizen*, 21 mars 2019, https://kaizen-magazine.com/article/lagriculture-consomme-90-de-leau-dans-le-monde/

33. Pierre Peyretou, « Climat : dépasser le triangle de l'inaction », *Medium*, 20 novembre 2020.

34. César Dugast, Alexia Soyeux, « Faire sa part ? », *Carbone 4*, juin 2019, https://carbone4.com/fr/publication-faire-sa-part

« Nous n'avons pas à sacrifier les Français et l'industrie française sur l'autel de la lutte contre le réchauffement climatique. Que les Américains et les Chinois commencent […]. La France représente 1 % des émissions de CO_2. »

35. « Carbon Emissions », *Global Carbon Atlas*, s.d., https://globalcarbonatlas.org/emissions/carbon-emissions/

36. Lan Wei, « En Chine, le boom des applications pour inciter les particuliers à réduire leur empreinte carbone », *Le Monde*, 18 mars 2023.

37. Haut Conseil pour le climat, « Renforcer l'atténuation, engager l'adaptation », version grand public du troisième rapport annuel, septembre 2021, https://www.hautconseil-climat.fr/wp-content/uploads/2021/09/HCC_Rapport_grand-public_2021.pdf

38. Hannah Ritchie, *et al.*, « CO_2 and Greenhouse Gas Emissions », *art. cit.*

39. « Qu'est-ce que l'accord de Paris de 2015 sur le climat (COP 21) ? », *Vie publique*, 26 juin 2020, http://www.vie-publique.fr/fiches/274839-quest-ce-que-laccord-de-paris-sur-le-climat

« Vous êtes mignons avec vos idées sur l'écologie… Mais, la vraie urgence aujourd'hui c'est quand même la crise sociale ! »

40. Angel Hsu, Glenn Sheriff, Tirthankar Chakraborty & Diego Manya, 2021, « Disproportionate exposure to urban heat island intensity across major US cities », *Nature Communications*, n° 12, 25 mai 2021.

41. Ministère de l'Agriculture et de la Souveraineté alimentaire, « Comité national de gestion des risques en agriculture : l'État poursuit le traitement des calamités sur fourrages conformément à ses engagements », *art. cit.*

42. Séverine Deguen, *et al.*, « Neighbourhood characteristics and long-term air pollution levels modify the association between the short-term nitrogen dioxide concentrations and all-cause mortality in Paris », *art. cit.*

43. UN News, « Le changement climatique risque d'exacerber les inégalités au niveau mondial, selon la FAO », *Afrique Renouveau*, 18 juin 2015, https://www.un.org/africarenewal/fr/derni%C3%A8re-heure/le-changement-climatique-risque-dexacerber-les-in%C3%A9galit%C3%A9s-au-niveau-mondial-selon-la

« Franchement, ça sert vraiment à rien de me gâcher la vie à être écolo ! Autour de moi personne ne fait d'efforts, donc à quoi bon ? »

44. *Comment s'aligner sur une trajectoire compatible avec les 1,5 °C ?*, BL Évolution, décembre 2018, https://www.bl-evolution.com/publication/comment-saligner-sur-une-trajectoire-compatible-avec-les-15c/.

45. « Climat: point de bascule et optimisme », *Bon Pote*, 18 avril 2020,.https://bonpote.com/climat-point-de-bascule-et-optimisme/

« Vouloir une société socialement et écologiquement juste... Non mais vous êtes mignons, vous êtes vraiment des utopistes, vous ! »

46. Théorisé par le sociologue allemand Max Weber, le « désenchantement du monde » désigne le processus de recul des croyances religieuses et ésotériques au bénéfice des explications scientifiques, ce qui caractérise les sociétés modernes.

LES ÉCO(NOMICO)-ANXIEUX (PAGES 83 À 121)

« En supprimant des filières polluantes, vous allez forcément condamner des emplois et créer de la pauvreté ! »

47. Dominique Bourg et Johann Chapoutot, *« Chaque geste compte ». Manifeste contre l'impuissance publique*, Paris, Gallimard, 2022.

« La transition écologique coûte extrêmement cher. Tous ces investissements creusent la dette que nous laisserons à nos enfants ! »

48. Résistance à l'agression publicitaire, *Manifeste contre le système publicitaire*, 2015, https://antipub.org/asso/manifeste-contre-le-systeme-publicitaire/

49. Ouest-France avec AFP, «Vallée de la Roya : où en est la reconstruction deux ans après le passage de la tempête Alex? », *Ouest-France*, 1er oct. 2022.

50. Hervé Pignon, directeur régional Ademe, journée « Stratégies territoriales d'adaptation au changement climatique », MEDCIE Nord-Pas de Calais-Picardie, avril 2013, cité dans Ademe, « Le coût de l'inaction », *Territoires & climat*, s.d., https://www.territoires-climat.ademe.fr/ressource/174-56

51. « Spécial COP 21. "Un monde plus chaud de 4 degrés sera impossible à assurer", selon le PDG d'AXA », *Le Parisien*, 30 novembre 2015.

52. « Avec le réchauffement, la menace d'une France inassurable », *Le Monde*, 9 juillet 2023.

53. « Covid-19 : des dépenses publiques en forte hausse depuis le début de la crise sanitaire », *Vie publique*, 15 septembre 2021, http://www.vie-publique.fr/en-bref/281423-covid-19-le-cout-de-la-crise-sanitaire-pour-letat

54. Barthélémy Gaillard, « Qu'est-ce que les corona bonds ? », *Toute l'Europe*, 15 avril 2020, https://www.touteleurope.eu/economie-et-social/qu-est-ce-que-les-corona-bonds/

« Mais comment vous allez financer tout ça ? »

55. Jean Pisani-Ferry et Selma Mahfouz, « Les incidences économiques de l'action pour le climat », *France Stratégie*, mai 2023.

« Pour faire face au dérèglement climatique, il nous faut absolument soutenir une croissance verte et durable ! »

56. Clément Ramos, Justine Mossé, « Découplage et croissance verte* », *Carbone 4*, septembre 2021, https://carbone4.com/fr/publication-decouplage.

57. Timothée Parrique, *Ralentir ou périr. L'économie de la décroissance*, Paris, Seuil, 2022.

58. « Five years of the circularity gap report », *CGRI*, 2022, https://www.circularity-gap.world/2022

« Mais, attends tu promeus la décroissance ? Pourtant, j'ai appris en cours que c'est l'augmentation du PIB qui finance l'État-providence. Du coup, si je comprends bien, si on arrête de croître, on ne pourra plus financer notre modèle social. »

59. « Campagne : Connaissez-vous le vrai prix du tabac », *Alliance contre le tabac*, 10 décembre 2020, https://alliancecontreletabac.org/2020/12/10/le-vrai-cout-du-tabac/

60. Éloi Laurent, *Sortir de la croissance. Mode d'emploi*, Paris, Les Liens qui libèrent, 2019.

61. Pablo Maillé, « Si vous touchez cette somme, vous faites partie des 5 % les plus riches », *Usbek & Rica*, 8 juin 2023, https://usbeketrica.com/fr/article/si-vous-touchez-cette-somme-vous-faites-partie-des-5-les-plus-riches

« On sera presque dix milliards d'humains à la fin du siècle ! Comment voulez-vous nourrir l'humanité sans polluer ? On n'a pas le choix que d'être productifs. »

62. « Pertes et gaspillages alimentaires », *Représentation permanente de la France auprès des Nations unies à Rome*, 10 septembre 2021, https://onu-rome.delegfrance.org/Pertes-et-gaspillages-alimentaires

63. Loïc Chauveau, « Comment nourrir 10 milliards d'humains ? », *Sciences et avenir*, 16 mai 2021, https://www.sciencesetavenir.fr/nature-environnement/agriculture/comment-nourrir-10-milliards-d-humains_153015

64. « Le nombre de personnes touchées par la faim dans le monde reste élevé », *ONU Info*, 12 juillet 2023, https://news.un.org/fr/story/2023/07/1136787 ,

65. « Agroécologie », *INRAE*, s.d., https://www.inrae.fr/agroecologie.

66. Campus AFD, « Marc Dufumier : Nourrir correctement et durablement l'humanité tout entière » (vidéo), *YouTube*, 14 janvier 2022, https://www.youtube.com/watch?v=Ieff1qpj8wU

LES OPTIMISTES CANDIDES (PAGES 123 À 157)

« C'est super, les nouvelles générations sont vraiment très engagées pour le climat ! Les jeunes, vous allez y arriver ! »

67. Ademe, *L'Avenir des sols en 10 questions*, novembre 2019, https://librairie.ademe.fr/cadic/656/guide-pratique-avenir-sols-10-questions.pdf

68. « La biodiversité des sols est importante pour la production alimentaire et la nutrition (FAO) », *ONU Info*, 4 décembre 2020, https://news.un.org/fr/story/2020/12/1083842#:~:text=Les%20sols %20sont%20l'un,cours%20de%20leur%20cycle%20biologique

69. Ademe, « Les jeunes de 15 à 25 ans et la crise environnementale : une preoccupation qui se traduit encore timidement dans les comportements » (communiqué de presse), 12 juin 2023, https://presse.ademe.fr/2023/06/les-jeunes-de-15-a-25-ans-et-la-crise-environnementale-une-preoccupation-qui-se-traduit-encore-timidement-dans-les-comportements.html

70. « Comment les Français voyagent-ils en 2019 ? Résultats de l'enquête mobilité des personnes », *Ministère de la Transition écologique et de la Cohésion des territoires*, 17 septembre 2021, https://www.statistiques.developpement-durable.gouv.fr/comment-les-francais-voyagent-ils-en-2019-resultats-de-lenquete-mobilite-des-personnes

71. Gabriel Tavoularis et Éléna Sauvage, « Les nouvelles générations transforment la consommation de viande », *Crédoc*, septembre 2018, https://www.credoc.fr/publications/les-nouvelles-generations-transforment-la-consommation-de-viande

« Franchement, il faut arrêter d'être aussi alarmistes. On a déjà beaucoup décarboné et on suit une bonne trajectoire ! »

72. Selon une étude du Citepa (Centre interprofessionnel technique d'études de la pollution atmosphérique) : « Émissions de gaz à effet de serre en France : estimations provisoires sur l'ensemble de l'année 2022 avec le baromètre des émissions mensuelles du Citepa », *Citepa*, 2 mai 2023, https://www.citepa.org/fr/2023_04_a03/

73. Audrey Garric, « Climat : les émissions de gaz à effet de serre ont reculé de 2,5 % en 2022 en France », *Le Monde*, 4 avril 2023.

74. Haut Conseil pour le climat, «Renforcer l'atténuation, engager l'adaptation», *op. cit.*

75. Johan Rockström, *et al.*, «A safe operating space for humanity», *Nature*, 23 septembre 2009, n° 461, p. 472-475, https://www.nature.com/articles/461472a

76. «La reconstitution de la couche d'ozone est en bonne voie, selon des experts», *ONU Info*, 9 janvier 2023, https://news.un.org/fr/story/2023/01/1131187

«Mais ma chérie, en compensant nos émissions, nous serons neutres en carbone d'ici 2050!»

77. «Stratégie nationale bas-carbone (SNBC)», *Ministère de la Transition écologique et de la Cohésion des territoires*, 21 juillet 2022, https://www.ecologie.gouv.fr/strategie-nationale-bas-carbone-snbc

78. Institut national de l'information géographique et forestière, *Inventaire forestier national: Mémento. Édition 2022*, IGN, 2022.

79. Céline Brégand, «Environnement: pourquoi les forêts rejettent désormais plus de CO2 qu'elles n'en absorbent?», *France 3 Régions*, 19 juin 2023, https://france3-regions.francetvinfo.fr/hauts-de-france/somme/environnement-pourquoi-les-forets-des-hauts-de-france-rejettent-desormais-plus-de-co2-qu-elles-n-en-absorbent-2796222.html

80. «"Cash Investigation". Superprofits: les multinationales s'habillent en vert», *France Info*, 6 janvier 2023, https://www.francetvinfo.fr/replay-magazine/france-2/cash-investigation/cash-investigation-du-jeudi-26-janvier-2023_5584110.html

81. Émeline Férard, «Les forêts mondiales absorbent-elles ou émettent-elles du CO2? Une étude fait le point», *Geo*, 9 février 2021, https://www.geo.fr/environnement/les-forets-mondiales-absorbent-elles-ou-emettent-elles-du-co2-une-etude-fait-le-point-203680

82. Coopérative carbone La Rochelle : https://larochelle.cooperativecarbone.fr/

« Les espèces s'adapteront au changement climatique, comme elles l'ont toujours fait au cours de l'histoire. Ça s'appelle juste la sélection naturelle, c'est pas moi, mais Darwin qui le dit ! »

83. Viktoriia Radchuk, *et al.*, « Adaptive responses of animals to climate change are most likely insufficient », *Nature Communications*, n° 10, 23 juillet 2019.

84. Inês S. Martins, *et al.*, « Widespread shifts in body size within populations and assemblages », *Science*, vol. 381, n° 6662, 8 septembre 2023, p. 1067-1071.

85. Esméralda Longépée, « Les atolls, des territoires menacés par le changement climatique global ? L'exemple de Kiribati (Pacifique Sud) », *Géoconfluences*, 16 avril 2015, http://geoconfluences.ens-lyon.fr/informations-scientifiques/dossiers-thematiques/oceans-et-mondialisation/corpus-documentaire/Kiribati

86. « L'intensification de l'agriculture est à l'origine de la disparition des oiseaux en Europe », *CNRS*, 16 mai 2023, https://www.cnrs.fr/fr/presse/lintensification-de-lagriculture-est-lorigine-de-la-disparition-des-oiseaux-en-europe

87. R. E. A. Almond, M. Grooten, D. Juffe Bignoli & T. Petersen (éds), *Rapport Planète Vivante 2022. Pour un bilan « nature » positif*, WWF, 2022.

« Tu as vu, je me suis mis au tri ! »

88. Wijnand De Wit, Nathan Bigaud, *No Plastic in Nature: Assessing Plastic Ingestion from Nature to People*, WWF, 2019

89. « Le recyclage, un enjeu stratégique pour l'économie », *Ademe*, 30 aoû 2021, https://expertises.ademe.fr/economie-circulaire/dechets/passer-a-laction/valorisation-matiere/dossier/recyclage/recyclage-enjeu-strategique-leconomie

90. Haut Conseil pour le climat, « Renforcer l'atténuation, engager l'adaptation », *op. cit.*

« Tu te gâches la vie à mettre autant d'énergie dans ton combat pour le climat. Essaie de voir la vie du bon côté, car tu deviens éco-anxieuse… »

91. Gaspard d'Allens, « L'écoanxiété, le mal de l'époque – Article à écouter » (podcast), *Reporterre*, 28 juin 2022, https://podcast.ausha.co/les-articles-audios-de-reporterre/l-ecoanxiete-le-mal-de-l-epoque-article-a-ecouter

LES TECHNOSOLUTIONNISTES (PAGES 159 À 196)

« Le sens de l'histoire, c'est le progrès. C'est l'innovation ! On ne va quand même pas retourner à l'Âge de pierre et s'éclairer à la lampe à huile, mdr ! »

92. Ademe/Arcep, « Évaluation de l'impact environnemental du numérique en France et analyse prospective - 1er volet de l'étude – État des lieux et pistes d'action », *Vie publique*, 19 janvier 2022, http://www.vie-publique.fr/rapport/283458-impact-environnemental-du-numerique-en-france

93. « Temps d'écran des enfants : enquête sur la situation française », *Inserm (Salle de presse)*, 12 avril 2023, https://presse.inserm.fr/cest-dans-lair/temps-decran-chez-les-enfants-enquete-sur-la-situation-francaise/

94. Jonathan Y. Bernard, *et al.*, « Temps d'écran de 2 à 5 ans et demi chez les enfants de la cohorte nationale Elfe », *Bulletin épidémiologique hebdomadaire*, n° 6, 12 avril 2023, p. 98-105, http://beh.santepubliquefrance.fr/ beh/2023/6/2023_6_1.html

95. Edgar Morin, *La Méthode, t. 2. La Vie de la vie,* Paris, Seuil, 1980.

96. Éloi Laurent, *Nos mythologies économiques*, Paris, Les Liens qui libèrent, 2016.

«Nous avons besoin des avions pour maintenir les échanges, que cela soit entre nos régions, en France, ou même à l'échelle européenne […]. C'est une question de conception de la société, mais nous devons le faire avec la volonté d'avoir des avions plus vertueux. Je crois beaucoup en l'avion vert.»

97. Ademe, «Découvrez l'impact du transport sur le climat», *Impact CO_2*, s.d., https://impactco2.fr/transport

98. *Pouvoir voler en 2050. Quelle aviation dans un monde contraint?*, The Shift Project, 3 mars 2021.

99. Frédéric Bianchi, «Augustin de Romanet (ADP): "Je ne veux pas qu'on me reproche de pousser à la consommation de voyage"», *BFM*, 19 septembre 2022, https://www.bfmtv.com/economie/augustin-de-romanet-aeroport-de-paris-je-ne-veux-pas-qu-on-me-reproche-de-pousser-a-la-consommation_AV-202209190623.html

100. Stéphane Amant, *et al.*, «Les idées reçues sur l'aviation et le climat», *Carbone 4*, 11 octobre 2022, https://carbone4.com/fr/analyse-faq-aviation-climat

101. Stefan Gössling, Andreas Humpe, «The global scale, distribution and growth of aviation: Implications for climate change», *Global Environmental Change*, vol. 65, novembre 2020.

«Non mais je t'explique, en fait, les innovations actuelles sont bien plus efficaces, ce qui permet de réduire nos consommations d'énergie par rapport aux anciennes technologies.»

102. Stéphane Amant, *et al.*, «Les idées reçues sur l'aviation et le climat», *art. cit.*

103. Timothée Parrique, *Ralentir ou périr, op. cit.*

104. «Numérique: quel impact environnemental?», *Ademe Magazine*, avril 2022.

105. Secrétariat général du Conseil d'orientation des retraites, *Quelles sont les raisons du ralentissement de la croissance de la*

productivité en France? Secrétariat général du Conseil d'orientation des retraites, document de travail pour la séance plénière du 25 novembre 2021, COR.

106. Léo Sanmarty, « La low-tech, une "démarche" pour se réinscrire dans les limites planétaires », *Natura Sciences*, 11 avril 2023, https://www.natura-sciences.com/comprendre/low-tech-demarche-limites-planetaires-innovation.html

« Tu sais, je crois profondément dans la technologie pour lutter contre la crise écologique. Gardons espoir, les ingénieurs trouveront des solutions. Regarde les progrès incroyables que l'on a pu faire en médecine grâce à la technologie ! »

107. Célia Izoard, « La voiture électrique cause une énorme pollution minière », *Reporterre*, 2 septembre 2020.

108. Vincent Courboulay, « 53 millions de tonnes de déchets électroniques en 2019 », *INR*, 3 juillet 2020, https://institutnr.org/53-millions-de-tonnes-de-dechets-electroniques-en-2019

« Je me suis acheté une voiture électrique. Il est beau mon bolide, non ? Et surtout 100 % écolo ! »

109. « La voiture électrique, solution idéale pour le climat ? », *Bon Pote*, 3 mars 2023, https://bonpote.com/la-voiture-electrique-solution-ideale-pour-le-climat/

110. *Ibid.*

111. Stéphane Amant, *et al.*, « Les idées reçues sur la voiture électrique », *Carbone 4*, 22 février 2022, https://www.carbone4.com/analyse-faq-voiture-electrique

« J'ai vu que bientôt on va pouvoir piloter le climat en aspirant la pollution ou en faisant pleuvoir les nuages, c'est GÉNIAL ! Donc franchement, tranquille ! »

112. Source : https://www.transportenvironment.org/discover/les-voitures-grossissent-de-1-cm-tous-les-deux-ans-selon-une-nouvelle-etude/

113. « Sofia Kabbej : Il faut qu'on parle de géo-ingénierie », *Présages*, n° 42, 13 février 2022, https://www.presages.fr/blog/2022/sofia-kabbej

114. Philippe Vion-Dury, « La géo-ingénierie est-elle la roue de secours de la transition ? », *Socialter*, février 2023, https://www.socialter.fr/article/geo-ingenierie-transition-ecologique

115. Mathieu Vidard, « Les fausses promesses de la géo-ingénierie du climat », *La Terre au carré*, France Inter, 21 décembre 2022, https://www.radiofrance.fr/franceinter/podcasts/la-terre-au-carre/la-terre-au-carre-du-mercredi-21-decembre-2022-1133246

116. Bohler Sébastien, Le Bug humain, Paris, Robert Laffont, 2019.

117. Stéphane Amant, *et al.*, « Les idées reçues sur l'aviation et le climat », *art. cit.*

LES DISSONANTS COGNITIFS (PAGES 197 À 228)

« Je sais que c'est mauvais pour le climat… mais le voyage c'est mon petit plaisir, je ne peux pas arrêter de prendre l'avion ! En plus, le train est beaucoup trop cher… »

118. Stefan Gössling, Andreas Humpe, «The global scale, distribution and growth of aviation: Implications for climate change », *art. cit.*

119. Ademe, « Découvrez l'impact du transport sur le climat », *art. cit.*

120. *Ticket Prices of Planes vs Trains – A Europe-Wide Analysis: How low-cost carriers destroy the climate while their unfair and aggressive pricing strategies go unchecked*, Greenpeace, juillet 2023.

121. « Jean-Marc Jancovici : "L'objectif de rester sous les 1,5 degré est mort" », *Le grand entretien*, France Inter, 24 novembre 2022.

« Je suis d'accord qu'il faut agir, mais les militants deviennent vraiment trop radicaux ! Ils bloquent des routes, s'en prennent à l'art… Non mais oh, ils commencent à nous courir sur le haricot avec leur écologie ! »

122. Herbert H. Haines, *Black Radicals and the Civil Rights Mainstream, 1954-1970*, Knoxville, University of Tennessee Press, 1995.

123. Stéphane Mandard, « La pollution est responsable de 9 millions de morts chaque année dans le monde », *Le Monde*, 18 mai 2022.

124. « Le travail des enfants derrière la production de smartphones et de voitures électriques », *Amnesty International*, 19 janvier 2016, https://www.amnesty.org/fr/latest/news/2016/01/child-labour-behind-smart-phone-and-electric-car-batteries/

« Évidemment, l'urgence est là, j'en suis totalement conscient. Mais la contrainte ne peut pas être une solution, il faut en finir avec l'écologie punitive ! »

125. « L'écologie punitive a-t-elle un sens ? », *Bon Pote*, 28 avril 2021, https://bonpote.com/lecologie-punitive-a-t-elle-un-sens/

126. « Émissions routières des polluants atmosphériques : courbes et facteurs d'influence », *Cerema*, 17 août 2021, https://www.cerema.fr/fr/actualites/emissions-routieres-polluants-atmospheriques-courbes

127. « Les 10 raisons de passer à 110 km/h sur l'autoroute », *Bon Pote*, 25 mars 2022, https://bonpote.com/les-10-raisons-de-passer-a-110-km-h-sur-lautoroute/

« J'ai pris l'avion vingt fois cette année mais c'était pour donner des conférences sur le climat. Du coup, au vu du nombre de personnes que j'ai pu toucher, je pense que mon impact global est positif. »

128. Emma Pattee, « Forget your carbon footprint. Let's talk about your climate shadow », *MIC*, 12 octobre 2021, https://

www.mic.com/impact/forget-your-carbon-footprint-lets-talk-about-your-climate-shadow

CONCLUSION (PAGES 229 À 232)

129. Sur le sujet des utopies, je vous invite à suivre les travaux de deux personnes qui m'ont beaucoup inspirée : Sandrine Roudaut – notamment le MOOC *Utopiennes, des nouvelles de 2043* –, et Julien Vidal, dont son podcast *2030 Glorieuses, le podcast des utopies vivantes.*

Si vous souhaitez être tenu informé des parutions
et de l'actualité des éditions Les Liens qui Libèrent,
visitez notre site :
http://www.editionslesliensquiliberent.fr

Composition : In folio

Achevé d'imprimer en mars 2024
par l'imprimerie Normandie Roto Impression s.a.s
à Lonrai
Dépôt légal : mars 2024
N° impr : 2400647
Imprimé en France